土拱静力性能及荷载传递机制研究

张风亮　刘祖强　刘　帅　赵湘璧
安占义　胡晓锋　周庚敏　著

中国建筑工业出版社

图书在版编目（CIP）数据

土拱静力性能及荷载传递机制研究 / 张风亮等著
. — 北京：中国建筑工业出版社，2024. 1
ISBN 978-7-112-29641-5

Ⅰ. ①土… Ⅱ. ①张… Ⅲ. ①窑洞-民居-结构力学
-研究②窑洞-民居-加固-研究 Ⅳ. ①TU929

中国国家版本馆 CIP 数据核字（2024）第 052236 号

本书主要内容包括：绪论，土拱静力加载试验，试验结果分析，土拱静力特性有限元分析，土拱上部荷载取值方法。

本书融入了作者多个课题的实践总结，数据充实可靠，分析中肯，对于黄土隧洞准确设计施工、科学评估其安全性能、制定科学合理的加固方案具有较高的实用价值。同时，有效利用土体的“拱效应”有利于降低黄土隧洞的建设成本，可供建设主管单位、高校、科研院所、施工单位相关技术人员及科研工作者参考使用。

责任编辑：王华月
责任校对：芦欣甜

土拱静力性能
及荷载传递机制研究

张风亮　刘祖强　刘　帅　赵湘璧
安占义　胡晓锋　周庚敏　著

*

中国建筑工业出版社出版、发行（北京海淀三里河路 9 号）
各地新华书店、建筑书店经销
北京鸿文瀚海文化传媒有限公司制版
建工社（河北）印刷有限公司印刷

*

开本：787 毫米×960 毫米　1/16　印张：6¼　字数：86 千字
2024 年 2 月第一版　2024 年 2 月第一次印刷
定价：**45.00** 元
ISBN 978-7-112-29641-5
（42310）

前　言

城市轨道交通不仅节省了城市地面空间，还舒缓了地面交通压力，目前已成为解决城市交通拥堵、大气污染等问题的主要方式，但在人们享受轨道交通带来便利的同时，也碰到了诸多安全问题，隧洞地层变形和差异变形、地表路面变形、周边建筑物倾斜甚至倒塌、衬砌开裂及纵向开裂等。同时，我国中西部地区分布着大面积的黄土窑洞建筑，其具有因地制宜、融于自然、绿色环保、节约耕地等优点，在解决农村居民的住房问题、节约建筑资源、减少建筑污染等方面具有重大的现实意义。

在近百年的传承中，黄土窑洞长期受自然环境风化侵蚀与窑顶渗水受潮及干燥的反复作用，再加上人为的破坏及保护不够重视，使得黄土窑洞处于土体松动、局部坍塌、节理遍布、渗水漏雨、接口开裂、承载力不足等多种病害缠身的复杂状态，甚至有的窑洞处于即将坍塌的危险状态。土拱作为黄土隧洞的承载结构决定其安全稳定性，研究土拱静力性能及荷载传递机制可为黄土隧洞准确设计施工、科学评估其安全性能、制定科学合理的加固方案提供理论依据和技术支撑。同时，有效利用土体的“拱效应”有利于降低黄土隧洞的建设成本。

本书主要通过陕西省建筑科学研究院有限公司“传统民居结构安全性能评估与保护”科研团队前期对陕西、山西等 5 省、38 个县区、260 个自然村、4000 多户窑居进行的大量调研，并基于土拱结构模型静力加载试验，结合数值模拟、理论分析及工程实践，研究了土拱静力性能及荷载传递机制，找出了土拱结构受力状态下的薄弱部位及“拱效应”区域，为黄土隧洞的设计施工、安全评估及加固保护提供理论支撑。

本书共分 5 章，主要内容包括：绪论，土拱静力加载试验，试验结果分析，土拱静力特性有限元分析，土拱上部荷载取值方法。

本书由陕西省建筑科学研究院有限公司张风亮、安占义、胡晓锋、周庚敏，西安建筑科技大学刘祖强，四川省建筑设计研究院有限公司刘帅，宁夏大学赵湘璧共同执笔撰写；由张风亮统稿并校阅全书。现场调查工作由陕西省建筑科学研究院有限公司杨焜、李凯、张瑶、李东、田冲冲、杨飞宏、李晨豪，西安建筑科技大学潘文斌、周汉亮、刘栩豪，中国建筑西北设计研究院有限公司刘钊共同完成。书中反映了作者及项目组全程成员的研究成果。本书能得以顺利完成，还要感谢西安建筑科技大学薛建阳教授、周铁钢教授在研究过程中给予的建设性意见。本书作者向参与本课题的研究成员表示深切的谢意。

本书在编写过程中，参考了大量的国内外文献、同类教材和著作，在此一并致谢。

希望本书能为读者的学习和工作提供帮助，尤其是为传统民居保护、隧洞施工的管理人员和技术人员提供指导性意见。限于作者水平，书中难免有不妥之处，敬请同行专家及广大读者批评指正。

目　录

第1章
绪　论

1.1　研究背景及选题意义

我国国土面积约为960万km^2，其中黄土地区面积总和达63万km^2之多。黄土地区位于北纬33°～47°，主要分布于甘肃省东部、山西省、陕西省、河南省西北部、河北省西南部、宁夏回族自治区南部等地区，占据着我国北方大部分面积。特别是在我国黄河流域地区，东起太行山，西至祁连山，北起长城，南至秦岭，黄土发育最为成熟，覆盖厚度最大。

黄土是第四纪以来由风力搬运的黄色粉土沉积物，属于粉质黏土的一种，具有良好的隔热和蓄热功能。从化学成分上来看，黄土的矿物质成分有60多种，其中以石英构成的粉砂为主。从物理力学性质上来看，黄土具有较发育的孔隙，因此有遇水湿陷的性质；粗细颗粒均匀级配良好，干燥密实的黄土具有较高的抗压和抗剪强度。

随着社会经济的发展，我国现代城市中正掀起一股地铁修建的风潮。城市轨道交通不仅节省了城市地面空间，还舒缓了地面交通压力，目前已成为解决城市交通拥堵、大气污染等问题的主要方式，但在人们享受轨道交通带来便利的同时，也碰到了诸多安全问题，隧洞地层变形和差异变形、地表路面变形、周边建筑物倾斜甚至倒塌、衬砌开裂及纵向开裂等。同时，对于黄土高原地区来说，地基土及围岩土均为湿陷性黄土，黄土作为一种典型的围岩土，传统意义上认为其强度低、易崩解、垮塌，鉴于引发的上述工程问题，非常有必要对湿陷性黄土地区黄土隧洞的力学行为及其变形规律进行理论及试验研究，将研究结果应用于黄土隧洞土层的力学分析及长期变形预测，研发成果对黄土隧洞工程建设、安全评估及维护具有深远的工程应用价值。

同时，我国中西部地区分布着大面积的黄土窑洞建筑，是我国黄土高原地区极具民族特色的一种建筑形式，具有宝贵的历史文化价值，它不仅承载着历史文化也寄托着人们对未来美好生活的向往。黄土窑洞具有因地制宜、融于自然、绿色环保、节约耕地等优点，在解决农村居民的住房问题、节约建筑资源、减少建筑污染、可持续发展、保护传统民居等方面具有重大的现实意义。在近百年的传承中，黄土窑洞长期受自然环境风化侵蚀与窑顶渗水受潮及干燥的反复作用，再加上人为的破坏以及保护不够重视，使得黄土窑洞处于土体松动、局部坍塌、节理遍布、渗水漏雨、接口开裂、承载力不足等多种病害缠身的复杂状态，甚至有的窑洞处于即将坍塌的危险状态，因此窑洞建筑逐渐减少。但是在农村仍有少数居民居住在窑洞中，为保证他们生活安全舒适，相应的保护加固措施的提出迫不及待。合理保护与传承既有传统民居，使之尽可能久远地保存和流传下去，既是我们义不容辞的历史责任和光荣使命，也符合国家发展规划的要求，具有重要的科学意义和社会价值。

但基于黄土隧洞材料的离散性和特殊性，黄土隧洞的力学行为和变形规律等方面研究较少，对既有黄土隧洞的整体与局部灾变机理、损伤破坏机制及延寿保护理论研究较少，以致没有一套完整且成熟的黄土隧洞设计、施工等关键技术和理论体系。为全面提升我国既有黄土隧洞的安全水平，迫切需要对黄土隧洞进行力学行为及变形规律研究，土拱作为黄土隧洞的承载结构决定其安全稳定性，研究土拱静力性能及荷载传递机制对黄土隧洞体系的完善尤为重要，尽快将黄土隧洞理论体系进行完善，以便科学合理地指导湿陷性地区黄土隧洞的设计和施工，使之更有效地为社会的发展服务。

土拱是土体在自重或外荷载作用下发生不均匀位移使土颗粒产生相互“楔紧”作用而形成的承载区域。隧洞、涵洞及黄土窑洞的承载结构就是土拱，其安全与否取决于土体中拱体的稳定与否，故对土拱力学行为及其传力机制的研究尤为重要。土拱静载试验是通过对不同的土拱结构模型进行静力逐级加载，观察土体位移变化以及测量土体的土压力变化，对其破坏形态以及采集的数据进行分析。目的在于：①通过试验分析得出土拱的破坏形态及传力机制；②通过试验得出土拱的“拱效应”范围即有效覆土厚度，明确土拱顶面的荷载取值方法；③通过试验推理总结土拱的计算理论和计算方法，为后续黄土隧洞的加固保护提供理论支持。

1.2 国内外研究现状

土的拱效应存在于土体之中，成为各种洞室的承载结构，更加准确地认识和利用土的拱效应，不仅有利于减少工程事故的发生，还有利于减少工程成本。因此国内外许多学者在此方面做了大量的研究。

1.2.1 土拱效应形成机理和作用条件研究现状

早在1884年，英国科学家Roberts首次发现了“粮仓效应”：粮仓底面所承受的压力在粮食堆积达到一定高度后达到最大值并保持不变，这种现象就是在粮食中产生了拱效应的结果，在 Roberts 之后 Kovari 提出在隧道开挖过程中存在拱效应。1943 年，美国土力学家 Terzaghi 通过著名的活动门试验证实了土拱效应的存在，提出了土拱效应存在的条件：①土体之间产生不均匀位移或相对位移；②作为支撑的拱脚存在。1995 年，吴子树等通过实地调查、理论分析和土工离心模型试验，对土拱效应形成机理及存在条件进行了研究，分析了土中成拱的机理及所需要的条件，推导了保证洞室稳定的最大跨度及最小覆土厚度，得出土拱效应产生的机理是土体的不均匀位移，使土颗粒间产生互相“楔紧”的作用，这一结论也得到土工模型试验证实。2003 年，贾海莉等提出了岩土工程领域土拱理论中几个值得探讨的问题，首次较全面地提出土拱存在的三个条件：①土体之间要发生不均匀位移或者相对位移；②有作为支座的拱脚；③成拱区域土体不发生剪切破坏，同时，也讨论了四种不同的拱脚形式及指出土拱的形成及存在与土颗粒的粒径和含水量等因素有关。

1.2.2 土拱效应数值分析及试验研究现状

1895 年，德国工程师 Janssen 采用连续介质模型对“粮仓效应”做出了定量解释。Fayol 首次提出了“岩石拱”的基本概念，并指出“岩石拱”的存在有减小洞室顶部变形的作用。1907 年，苏联学者普罗托季亚科诺夫基于力的平衡条件，指出在矿山任何深度的岩层中（除流沙层外）开挖洞室，洞室上部会形成压力拱（自然平衡拱），承受拱上部的岩层自重，使洞室支护处于减压状态，洞室支护上的最大载荷由拱内的岩石重量来确定，从洞室顶部到地表的全部岩层重力将转移到压力拱的拱脚处，这便是普氏压力拱。普氏压力拱理论是建立在两种假定基础上的，一是假定洞室围岩为无黏聚力的散体，二是假定洞室上方围岩中能够形成稳定的压力拱，使得围岩压力的计算大为简化，因此被广泛用于岩土工程中。1963 年，Finn 利用弹性理论对土拱效应进行了研究。1974年，Wang W L研究了土体的黏聚力、摩擦角以及桩间距对抗滑桩的土拱效应的影响。1981年，顾安全采用室内试验的方法研究了管道及洞室的垂直土压力。1985年，Handy认为土体中小主应力流线近似悬链线。次年，Bosscher采用砂土中土拱效应试验证明了桩间土拱效应对抗滑桩的间距较敏感。1989年，Koutsbaeluosli采用有限元软件模拟了活动门试验。1990年，日本学者门田俊一采用有限元软件计算了三维弹性边界。

1991年，Pan采用有限元软件分析了隧道开挖时不同开挖面和速度对拱效应的作用。1993年，Ono采用二维应变模型模拟了隧道开挖中的土拱效应。1996年，金丰年和钱七虎采用有限元软件三维模型模拟了隧道全断面开挖过程，明确了开挖面对土体的影响区域大小约为洞径的2倍。1997年，Nakai采用模型试验的方式对拱效应进行了分析，探索了其中的应力分布情况。同年，刘新宇采用Mohr-Coulomb模型对隧道开挖面的空间作用进行了数值模拟。2004年，贾海莉等基于土拱效应对抗滑桩与护壁桩的桩间距进行了分析，探索了土体成拱的最大桩间距，并阐述了最大桩间距的物理作用。2005年，琚晓冬等通过FLAC-3D程序对桩后的土拱效应进行了数值模拟，并对桩间土拱的存在形式及影响因子进行了初步的探讨，并指出对土拱的力学性质产生影响的因素有：土体受力状态和土体的性质，而对土拱几何尺寸影响较大的因素是桩、土尺寸，尤其是桩间土体的尺寸。2005年，韩爱民等将被动桩间土拱效应假定为平面有限元问题，对被动桩间土拱效应的形成机理进行了研究，探讨了被动土拱效应与土体参数：内摩擦角、弹性模量、黏聚力、泊松比之间的变化规律，得出土体弹性模量、强度参数的变化对土拱效应的形成无明显影响的结论。2006年，赵明华等基于土拱效应对抗滑桩间距进行了分析。同年，太原理工大学何晓峰对沟埋式刚性圆涵顶部土压力进行了试验研究，并将试验结果与数值计算结果进行了对比分析。2008年，喻波等采用有限元软件模拟了隧道开挖过程，提出了深浅埋隧道的划分依据。

2008年，童丽萍根据现场调研数据采用有限元软件对生土窑居结构体系进行了数值模拟，并将结果与现有的营造技术进行对比，揭示了生土窑居土拱体系的科学性和可靠性。同年，童丽萍、韩翠萍较深入地研究了黄土材料和黄土窑居的构造，揭示了黄土洞室存在几百年而不坍塌的原因与自然地质条件息息相关。2009年，黄才华、王泽军对窑洞建筑的结构进行了内力分析，给出了部分拱形内力计算系数和计算简图。同年，赵学勐、王璐对土拱作用机理进行了研究，并指出土体中的土拱是承受荷载的结构单元，采用滑动线法绘出的土拱形状，已被实测资料加以证实；对土拱的承载力、整体稳定性进行了计算，揭示现有的两种地层压力学说没有正确与错误之分，只是各有其适宜的应用场合，其前提是是否满足整体稳定性的要求。2012年，吴永采用有限元软件建立了三维数值模型，对隧洞完成支护后的位移进行了分析。同年，曹胜涛基于土的应力路径模型和混凝土三维弹塑性模型，模拟了洞室、基坑的开挖过程，提出了深埋隧道与浅埋隧道的划分标准、隧道围岩扰动影响范围的分析方法，以及基坑支护过程中土拱效应分析方法等。费康、张栋研究了土拱的形状及破坏状态，对不同工况下不同土拱形状的适用性进行了对比分析，认为对于低路基 Terzaghi 的柱状剪切模型更加适用，对于高路堤 Hewlett 的半球形土拱、Zenske 的多拱土拱更加适用。2012年，曹源、张琰鑫、童丽萍根据现场实测数据，采用有限元软件对地坑窑土拱结构进行了数值模拟，并分析了地坑窑尺寸设计对其力学性能的影响。2013年，郭平功、童丽萍采用有限元软件模拟分析了不同黏聚力和内摩擦角对生土窑居的影响。同年，郭平功、童丽萍建立二维有限元模型分析了黄土力学参数中黏聚力和内摩擦角的相关性对生土窑居可靠度的影响。2013年，卿伟宸等基于压力拱理论，以隧道拱顶上方能否形成安全有效的压力拱为基本原则，通过拱顶上方围岩主应力方向发生偏转来判断临界埋深。得到深浅埋隧道临界埋深 H 与隧道跨度 B 和围岩分级 S 的拟合公式。2014年，梁瑶等采用自制的土拱试验仪，考虑桩间土体的内摩擦角对桩间土拱效应的影响，将不同桩截面尺寸、桩间距的试验模型进行了对比试验，探讨土拱效应、土拱的形状对边坡坡体应力分布的影响，提出了土拱矢高和拱轴线方程。2015 年，周敏等通过现场试验研究了施工回填过程中 HDPE 双壁波纹管在回填土体中引发的土拱效应，分析了埋地 HDPE 管道在回填土时，管顶土压力的变化规律。2017 年，徐伟忠等从不均匀变形和应力场变化方面，分析了土压力拱的作用机理，得到管-土刚度的埋深对土拱效应的影响。同年，赵龙对降雨入渗下生土窑居的结构性能进行了分析。2018 年，童丽萍、刘俊利针对地坑窑入口门洞的构造进行了分析，采用数值分析的方法建立了生土地坑窑的有限元模型，并对其进行了分析计算，对入口门洞处有限元模块进行受力变形分析，得到入口门洞处结构的薄弱部位。

国内外学者对土拱效应的研究主要以隧道、抗滑桩的土拱效应为对象进行现场监测、数值模拟，黄土隧洞作为我国黄土高原地区特有的结构形式，很少有外国学者研究。纵观国内，不难看出童丽萍教授团队对黄土窑洞研究较多，但以现场调研采集数据再进行数值模拟为主，并很少开展相关试验研究，分析结论缺乏理论支撑。因此，本书通过调研，制作能反映黄土隧洞结构真实受力的土拱结构模型进行竖向静力试验，以对其破坏形态、变形规律及其受力性能进行试验研究。

1.3 本书主要研究内容

(1) 土拱模型静力加载试验及材性试验

以覆土厚度为变参数，设计 4 个不同的覆土厚度模型，采用基于位移控制的竖向静力加载方法进行加载，观察、记录模型从开始加载到加载结束期间的损伤出现时序及空间分布特征，分析模型的破坏形态。完成土拱结构模型加载后，采集土样进行含水率测试、密度测试、压缩试验和静三轴剪切试验，获得对应模型的材料参数，为后续有限元模拟提供理论基础。

（2）土拱结构模型承载力、变形、竖向土压力及土拱效应分析

通过试验研究土拱竖向承载力及竖向变形能力，分析土拱模型结构的竖向土压力分布变化规律及覆土厚度对竖向土压力的影响规律，探讨土拱结构的传力机制、土拱效应变化规律及覆土厚度对土拱效应的影响规律。

（3）基于数值模拟的土拱结构静力特性及几何参数敏感性分析

利用试验结果验证土拱结构有限元模型的有效性，并对两者的异同进行分析。基于数值模拟对土拱结构模型的应力和变形进行分析。选取矢跨比、侧墙及跨数等几何参数对土拱结构受力敏感性进行分析。依据数值计算结果对土拱效应区域进行分析，探索土拱结构维持自身稳定所需的最小覆土厚度，推导土拱效应作用区域边界线函数，提出拱券恒载取值方法。

1.4 技术路线

本书拟采取的技术路线如图 1-1 所示。

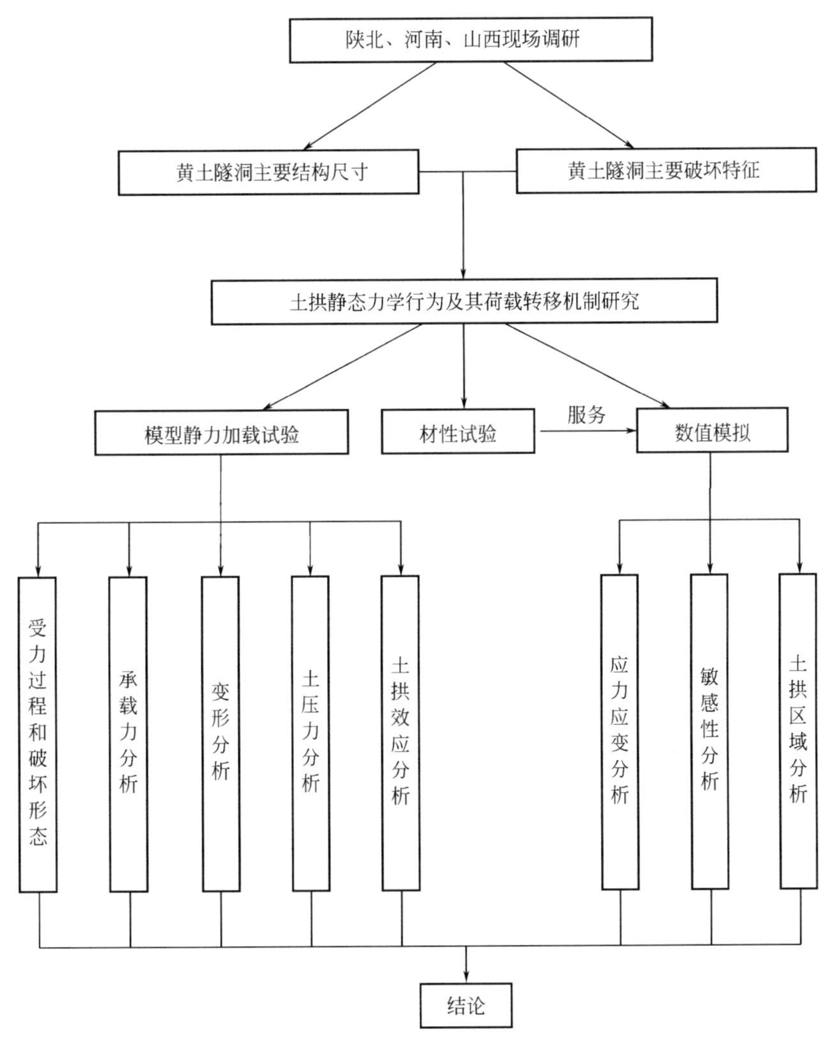

图 1-1 技术路线图

第 2 章 土拱静力加载试验

本章设计了 4 个不同覆土厚度的土拱结构缩尺模型（1∶5），并对其进行基于位移控制的静力竖向加载试验，了解土拱结构模型在竖向静力荷载下的破坏形态和破坏机制。加载完成后，采集少量土体进行材性试验，获取对应模型的土体物理力学参数。

2.1 试验目的

（1）研究不同覆土厚度的土拱结构在静力荷载作用下的受力过程及破坏形态；

（2）研究土拱结构在静力荷载作用下的承载能力、竖向变形性能、土压力分布规律、变化规律及覆土厚度对土压力的影响；

（3）研究覆土厚度对土拱效应的影响；

（4）研究不同几何参数对土拱结构承载力和破坏形态的影响；

（5）探索土拱结构中的拱效应区域，研究土拱结构满足成拱条件的最小覆土厚度，提出土拱结构拱券恒载取值方法。

2.2 模型的设计与制作

2.2.1 模型的设计

通过调研，确定了土拱的典型尺寸，本书试验模型缩尺比例为1∶5。表2-1给出了土拱结构试验模型的几何参数。制作土拱结构模型的黄土取自于陕西省咸阳市三原县新兴镇柏社村破旧残损黄土窑洞。

土拱结构模型几何参数表　　表2-1

模型	跨度 D(m)	拱矢高 f(m)	矢跨比 r	覆土厚度 h(m)
Tg-1	0.6	0.3	0.5	0.6
Tg-2	0.6	0.3	0.5	0.8
Tg-3	0.6	0.3	0.5	1.0
Tg-4	0.6	0.3	0.5	1.2

注：侧墙高度取0.3m，侧墙宽度取0.3m。

土拱静力加载试验主要研究竖向平面内的土拱效应，考虑到用土量应尽量少，同时应满足施工操作空间的要求，故在进深方向放弃取单位厚度改为取0.6m。考虑到土拱结构平面内的边界条件问题，即加载时土拱结构两侧土体能提供足够的侧向压力，按照《给水排水工程管道结构设计规范》GB 50332—2002的规定，地面可变荷载以0.7倍覆土厚度向下扩散至管道表面，故本书拱券两侧土体宽度取为拱跨的2倍，即1.2m，并在模型底部左右两侧设置0.2m挡板，可满足平面内边界条件。同时，考虑到土拱结构平面外的边界条件问题，故本书在土拱结构模型前后两侧各设置一块厚16mm的钢化玻璃。土拱结构模型如图2-1所示。

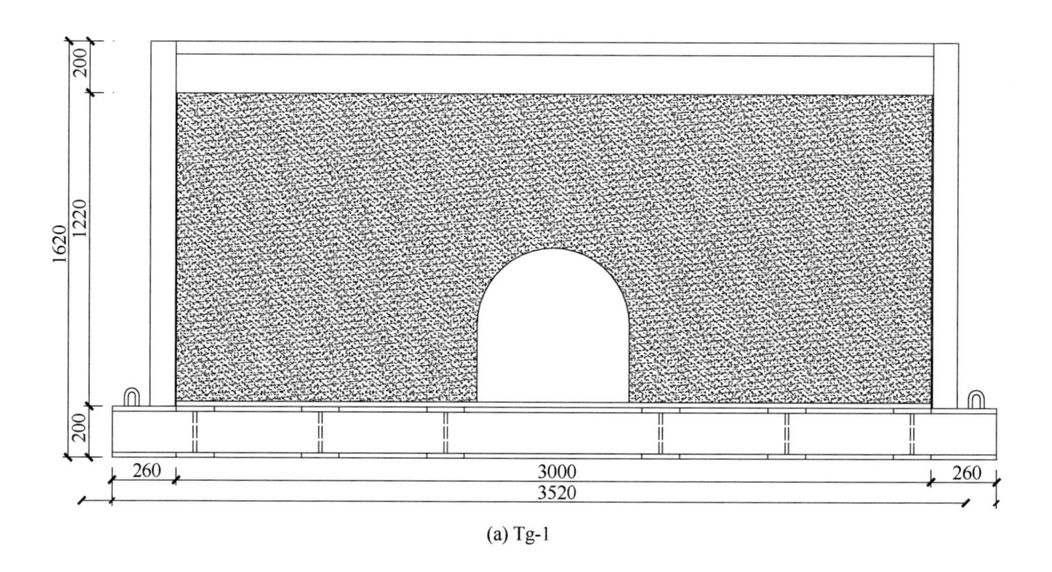

(a) Tg-1

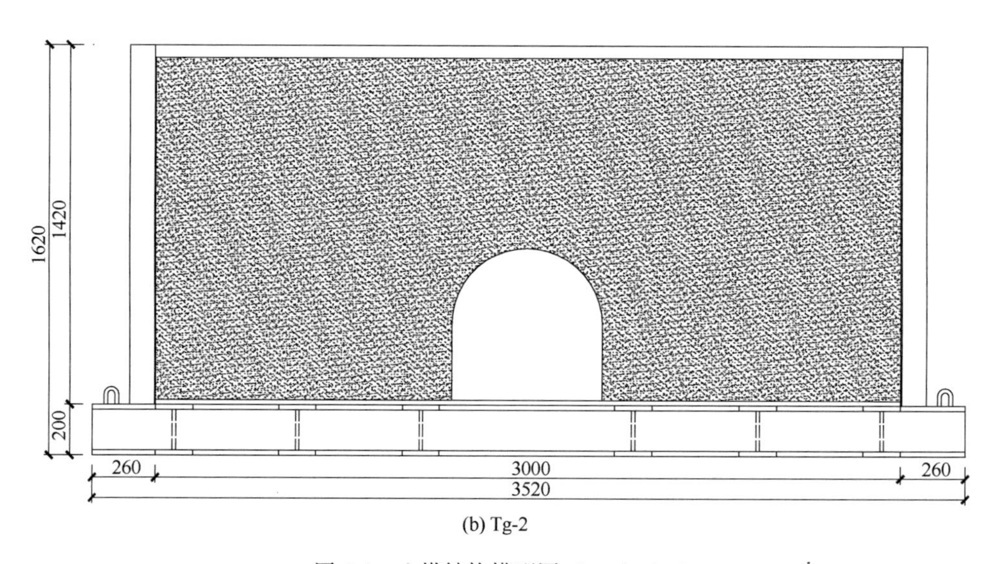

(b) Tg-2

图 2-1　土拱结构模型图（mm）（一）

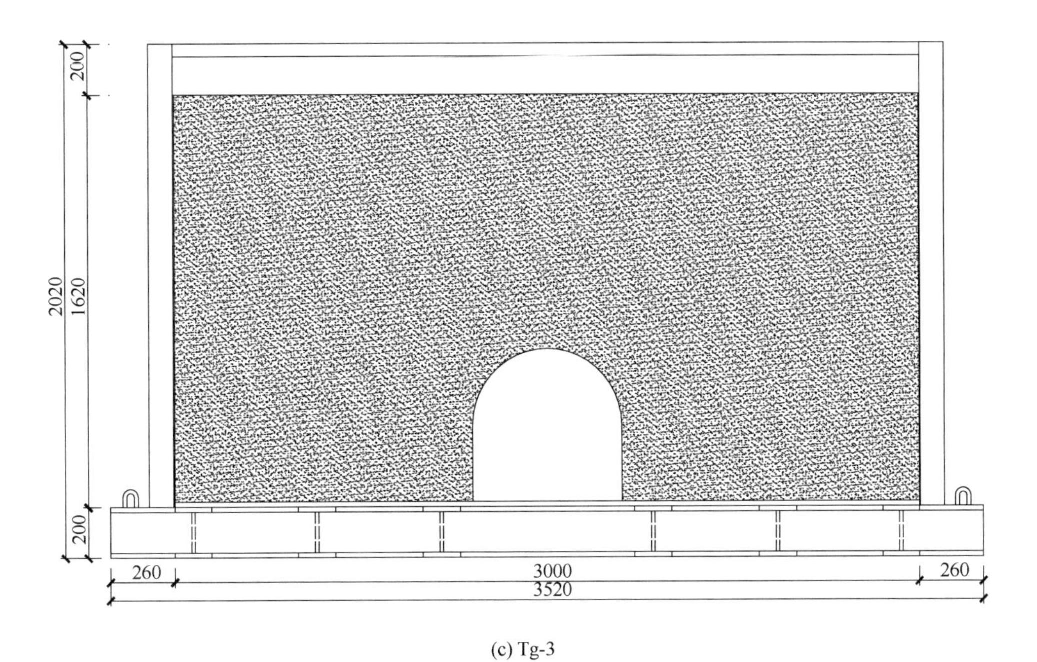

(c) Tg-3

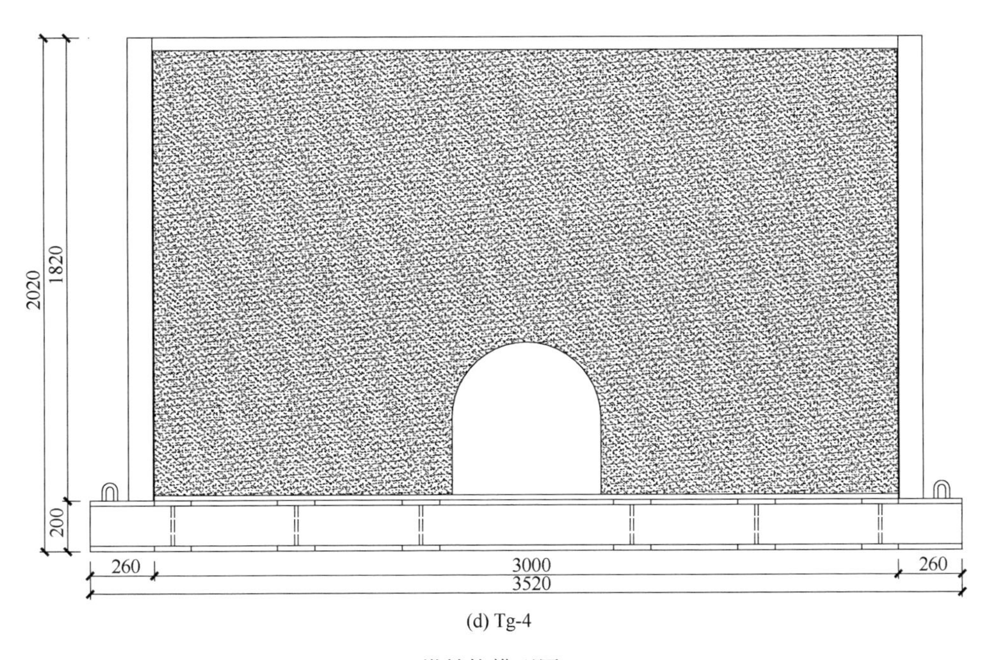

(d) Tg-4

图 2-1　土拱结构模型图（mm）（二）

模型的拱券结构示意图如图 2-2 所示。

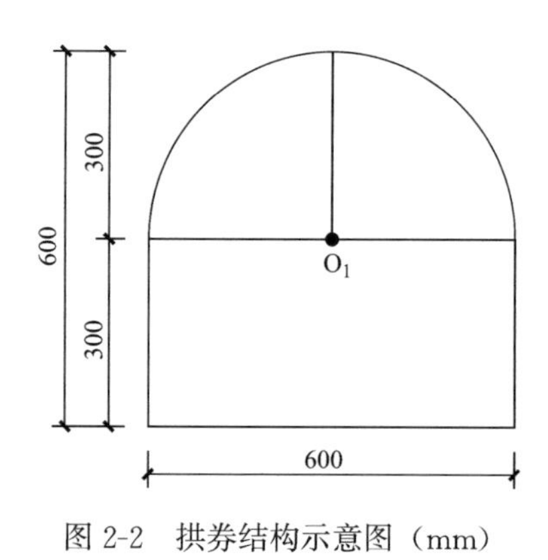

图 2-2 拱券结构示意图（mm）

2.2.2 模型的制作

（1）钢框架的制作

为方便模型吊装及限位装置的固定，试验模型置于钢框架内进行竖向静力加载，钢框架是由工字钢网格作为底梁，梁上覆盖钢板作为底板，底梁四角处设置吊环和方钢管立柱，四根立柱由小方钢管相互连接组成小框架，框架前后立面内衬 16mm 钢化玻璃，如图 2-3 所示。钢框架有着足够的刚度，作为模型吊装和试验加载的基座；钢化玻璃便于观察模型表面破坏情况，同时提供侧压力以满足模型平面外的边界条件。模型三维示意图见图 2-4。

（2）土拱结构模型制作

利用过筛后的黄土按照人工分层夯实的方法制作模型，具体为每层虚铺厚度为 15cm 夯至 10cm，且含水率控制在 18%附近，即最优含水率附近，夯实效果较好。现场施工照片见图 2-5 由于制作了两个钢框架，模型必须分两批制作，制作第一批模型 Tg-1、Tg-4 后，加载结束后掏出土体用于制作第二批模型，制作第二批模型 Tg-2、Tg-3，使土体用量达到最小。根据管涵填土

图 2-3　钢框架

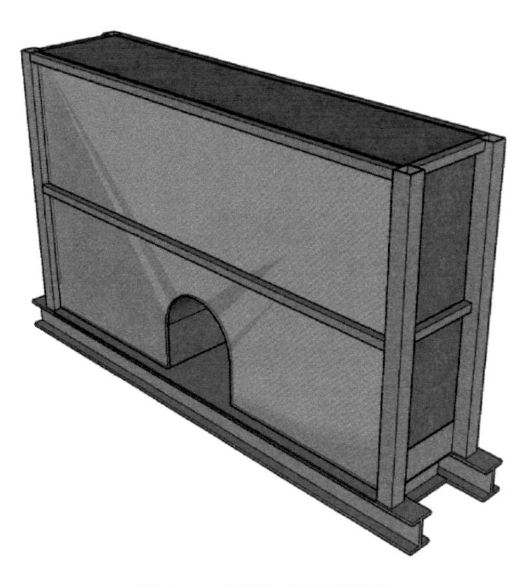

图 2-4　模型三维示意图

施工的特点，采用分层填土夯实和连续采集土压力的方法，埋设土压力盒后每夯实虚铺的一层土后，静止半小时后开始采集数据。

(a)

(b)

(c)

图 2-5　现场施工照片

（3）土压力盒的埋设

为避免立面位置相同的水平和竖向土压力盒采集数据相互影响，将土压力盒的布置沿进深分成三个截面，进深分别为 0.2m、0.3m 和 0.4m。为消除介质不均匀导致的局部应力变化，在土压力盒就位之前，找平土体并铺上一层过筛的均匀干砂，以保证土压力盒底面不出现空隙，准确测量土体压力。为避免土压力盒导线在加载过程中被拉断，采用导线在仪器周围弯曲一圈的方法，减少导线在土体内的摩阻力，以便其滑动。土压力盒埋置见图 2-6。

(a)

(b)

图 2-6　土压力盒埋置

2.3　材性试验

材性试验在陕西省建筑科学研究院土工实验室进行，第一批模型（Tg-1、Tg-4）土样材性参数于 2019 年 6 月 10 日测得；第二批模型（Tg-2、Tg-3）土样材性参数于 2019 年 9 月 2 日测得。

2.3.1 密度、含水率试验

1. 密度试验

密度试验用到的工具是标准环刀（内径 61.8mm，高 20mm）和天平，在环刀采集土样前需测量其质量并记录。采用标准环刀取满模型未经扰动的土样，两端削平处理放入天平盘中测量环刀加土的质量并记录。利用式（2-1）计算土样的密度，数据汇总在表 2-2 中。

$$\rho_0 = m_0 / V \tag{2-1}$$

式中：ρ_0——土样密度（g/cm^3）；

m_0——土样质量（g）；

V——土样体积（cm^3）。

土样密度　　表 2-2

模型	Tg-1	Tg-2	Tg-3	Tg-4
密度(g/cm^3)	1.98	1.77	1.82	1.90

2. 含水率试验

采用烘干法测试土样含水率，将土样装入已知质量的铝盒，称取铝盒加土的合质量并记录，将装有土样的铝盒放入恒温烘箱，恒温范围控制在 105～110℃，8h 后取出称取烘干后铝盒加土的合质量。利用式（2-2）计算土样的含水率，数据汇总在表 2-3 中。

$$\omega_0 = m_w / m_0 \tag{2-2}$$

式中：ω_0——土样含水率（%）；

m_w——土体失去的水的质量（g）；

m_0——烘干前土颗粒质量（g）。

土样含水率　　表 2-3

模型	Tg-1	Tg-2	Tg-3	Tg-4
含水率(%)	11.8	10.2	10.7	11.2

2.3.2　压缩试验

采用标准环刀切取土样，两端削平处理，将渗压环套上透水石后放入固结仪中，表面放一张湿润纸，然后将带有土样的环刀（刀口向下）压入渗压环中，并在土样表面放一张湿润滤纸后再依次加上透水石，加压活塞和传压块，固结仪放入杠杆式加压设备的框架内，检查仪器各连接处是否灵活后，开始加压。荷载等级为 50kPa、100kPa、200kPa、300kPa、400kPa，在加第一级荷载时，开动秒表分别在 1、2、3、5、10、15、20……min 记录测微表读数，直至稳定。连续两次读数变化不超过 0.01mm 时，认为压缩稳定，再依次逐级加荷，同样测得变形量至稳定为止。最后利用公式计算得到土样的压缩模量如表 2-4 所示。

土样的压缩模量　　表 2-4

模型	Tg-1	Tg-2	Tg-3	Tg-4
压缩模量 E_s(MPa)	10.2	7.0	7.7	9.1

2.3.3　三轴剪切试验

由于土样含水率较低，则采用不固结不排水（UU）的试验方法，一个模型土样为一组，一组取三个圆柱状土样，一共进行了四组十二个土样的材性试验（图 2-7）。用工具将土样削制成标准直径和高度的圆柱，将圆柱两端削平并垂直于试样轴，过程中尽量避免扰动土体，将土样安全装入压力室，安装位移传感器，施加围压。依据《土工试验方法标准》GB 50123—2019，围压（σ_3）为 100kPa、200kPa、300kPa 时，施加轴向压力直至圆柱状土样受剪破坏，记录下土样破坏时的轴向压力（$\sigma_1 \sim \sigma_3$）。根据摩尔-库仑理论绘制摩尔应力半圆，求得土的抗剪强度参数如表 2-5 所示。

(a) 试样

(b) 压缩试验

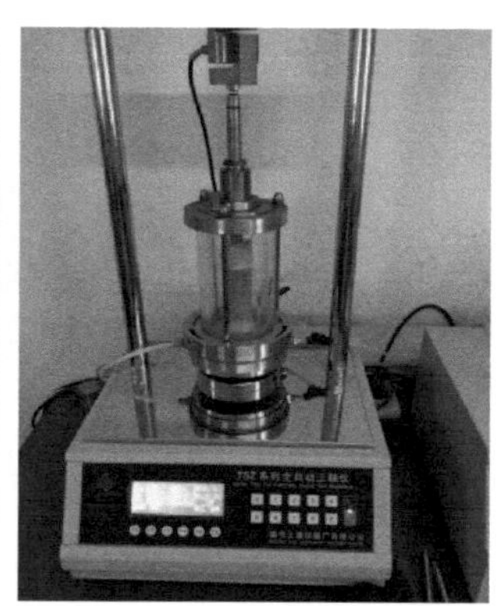

(c) 三轴剪切

图 2-7　材性试验

土的抗剪强度参数　　**表 2-5**

模型	Tg-1	Tg-2	Tg-3	Tg-4
内摩擦角 φ	24°	26°	26°	25°
黏聚力 c(kPa)	52.0	51.2	53.1	57.5

2.4　试验测试项目及方法

2.4.1　主要测试的内容

（1）荷载值：土拱结构模型顶部千斤顶施加的竖向荷载；

（2）线位移值：拱券内部的竖向位移和水平位移值；

（3）土压力值：土拱结构内部埋置的土压力盒的数值；

（4）模型的破坏过程：包括裂缝的出现和发展、模型的破坏形态。

2.4.2 测试方法

竖向荷载由 200t 油压千斤顶提供，利用力传感器采集数值。拱券内部的竖向位移和水平位移由静力位移计测量，拱顶与拱脚之间的相对位移由拉线位移计测量。竖向和水平土压力值由埋置的土压力盒测量。

（1）静力位移计布置：拱券内部静力位移计分三个截面布置，即在沿进深 0.2m、0.3m 和 0.4m 的截面处设置。在沿进深 0.2m 截面的拱顶以及拱脚处设置静力位移计（V_1～V_5），在沿进深 0.3m 的截面处的拱顶及拱脚处设置拉线位移计（L_1、L_2），在沿进深 0.4m 的截面处的拱顶以及拱脚处设置静力位移计（V_6～V_{10}），具体布置如图 2-8 所示。

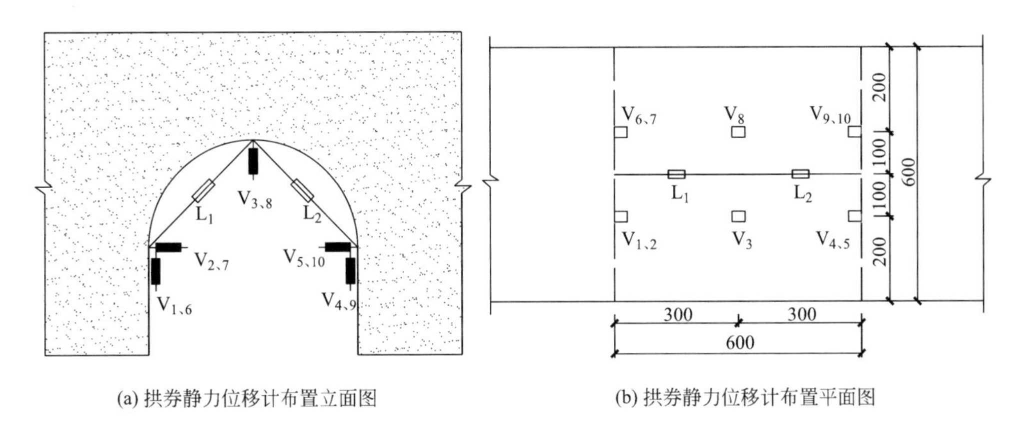

(a) 拱券静力位移计布置立面图　　(b) 拱券静力位移计布置平面图

图 2-8　静力位移计布置图（mm）

（2）土压力盒布置：土拱结构模型的土压力盒分别布置在沿进深 0.2m、0.3m 和 0.4m 的截面。拱券两侧竖向土压力盒（Y）布置在沿进深 0.2m 的截面，拱顶部竖向土压力盒（Y）布置在沿进深 0.3m 的截面，水平土压力盒（X）布置在沿进深 0.4m 的截面，具体布置如图 2-9 所示。

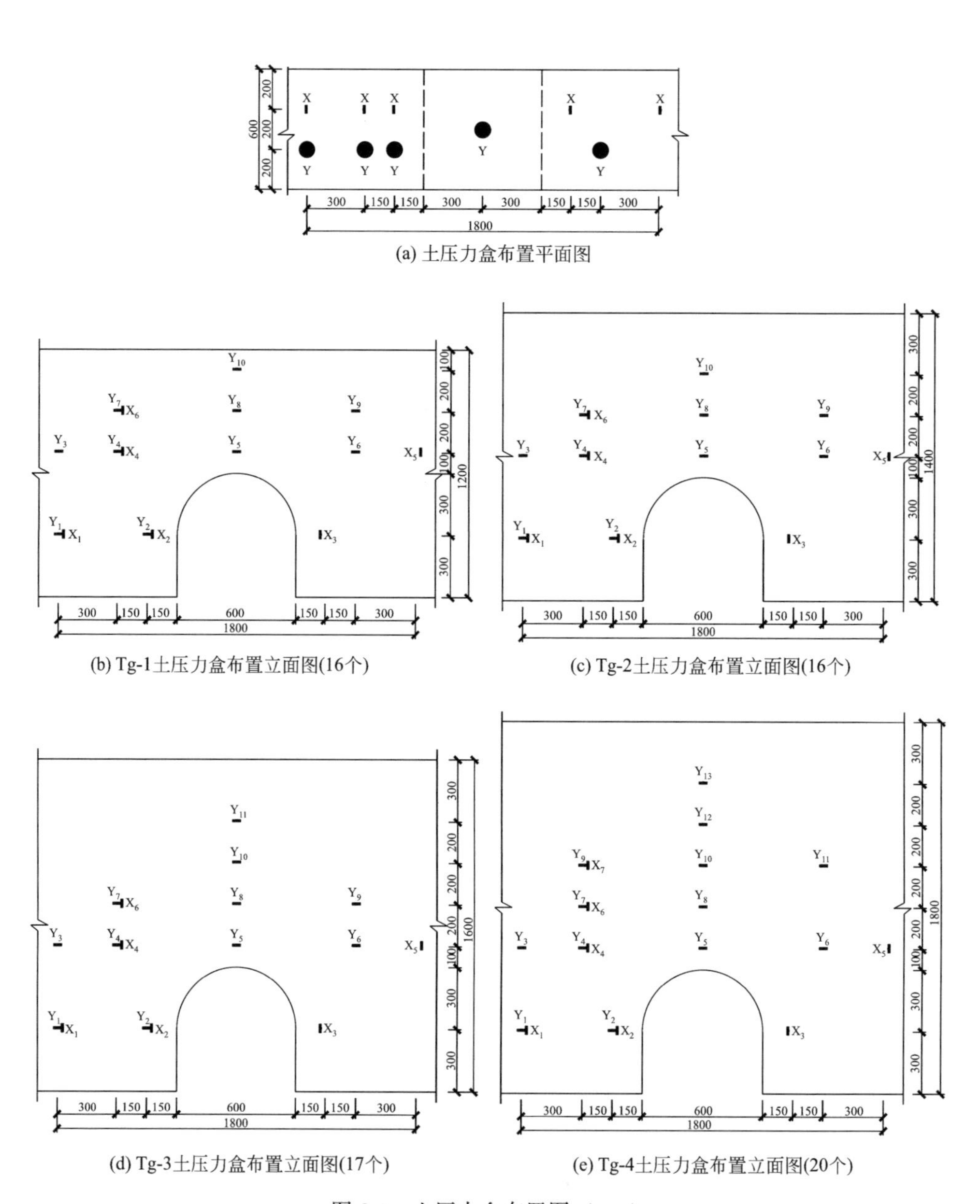

(a) 土压力盒布置平面图

(b) Tg-1土压力盒布置立面图(16个)

(c) Tg-2土压力盒布置立面图(16个)

(d) Tg-3土压力盒布置立面图(17个)

(e) Tg-4土压力盒布置立面图(20个)

图 2-9 土压力盒布置图（mm）

2.5　加载方案

2.5.1　加载装置

试验在西安建筑科技大学结构工程与抗震教育部重点实验室进行，试验加载装置如图 2-10 所示，其中竖向荷载由 200t 油压千斤顶施加，千斤顶与反梁固定防止滑动。为避免加载钢板发生翘曲，采用叠板加载的方式，上部叠板尺寸为—900mm×570mm×80mm，下部加载板尺寸为—1200mm×600mm×20mm。千斤顶与叠板之间设置力传感器以采集千斤顶施加的荷载，在叠板上设置静力位移计以采集千斤顶端头的位移。

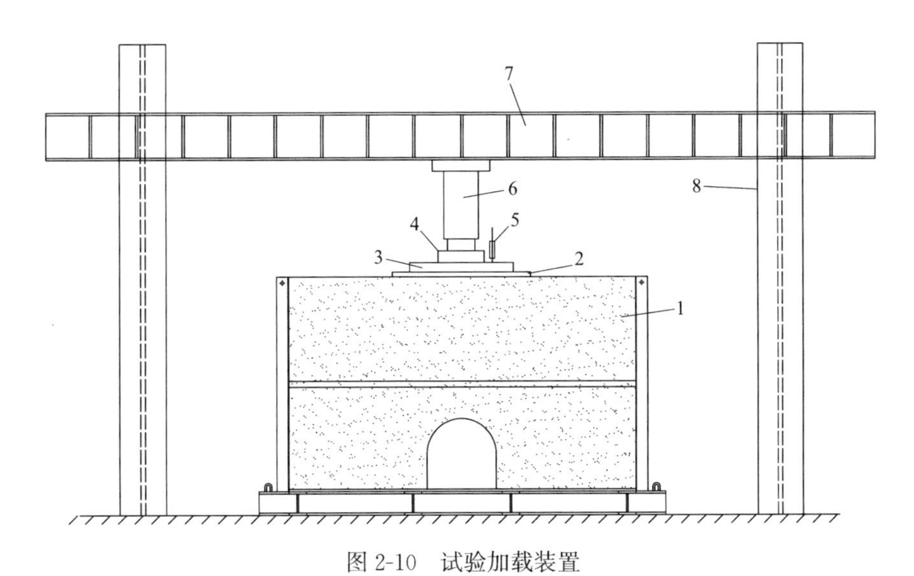

图 2-10　试验加载装置

1—模型；2—加载板；3—叠板；4—力传感器；5—静力位移计；6—千斤顶；7—加载反梁；8—立柱

2.5.2 加载区域

为了得到单跨土拱结构模型在竖向平面内的静力性能，加载区域选取单跨土拱结构的顶部受力区域，即包括左右侧墙在内的长度区域。因此，模型Tg-1～Tg-4竖向均布荷载作用的区域：长度方向为跨中－0.6～0.6m，宽度方向为0.6m，模型顶部加载区域如图2-11所示。

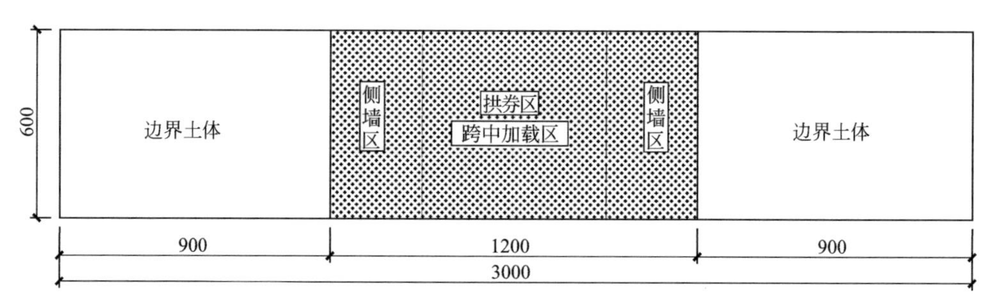

图2-11　加载区域（mm）

2.5.3 加载制度

试验加载前期以模型顶部加载板的竖向位移控制为主，后期以千斤顶端头施加的集中荷载控制为主进行静力单调加载，通过200t油压千斤顶逐级施加竖向荷载，前期按位移加载每2mm为一级，加载到拱券内部出现大面积掉土现象时变为观察力传感器读数来控制加载进程。每施加一级荷载后稳荷10min，在稳荷期间完成土压力盒的读数采集、描裂缝及采集影像资料等工作。加载过程中出现拱顶位移突然增大，模型两侧土体剥落，拱券严重变形或券内土体大体积剥落，模型顶部位移增大及压力传感器读数不变或者不升反降等现象表征模型结构破坏，停止加载。

2.6　试验过程

2.6.1　加载破坏过程

四个模型的表面均存在少量初始干缩裂缝，在加载前进行了标记，为便于裂缝的观察、记录与说明，在钢框架的钢化玻璃表面画上沿高度方向和水平方向间距一致的正方形网格，其加载破坏过程如下：

（1）覆土厚度为0.6m的土拱结构模型（Tg-1）：

加载至2mm，荷载为21kN，模型高度1.2m处出现多条竖向微小裂缝，拱券右上方高度为0.8m以上区域出现一条长约60cm斜裂缝。加载至5mm，荷载为47kN，左右侧拱脚对称位置处开始出现微小水平裂缝，模型右上角高度为1.1m的位置出现长约40cm的水平裂缝。加载至7mm，荷载为61kN，模型顶部左侧开始出现长约25cm水平裂缝，左侧拱脚水平微裂缝向左发展。加载至9.5mm，荷载为97kN，模型表面新裂缝表现为原有初始裂缝的细微延伸且数量较少，券内左右侧拱脚对称位置处开始出现沿进深的微小水平裂缝，同时，进深为0.3m处出现宽为0.2mm沿拱券的环向裂缝。加载至11.3mm，荷载为117kN，模型表面无新裂缝产生，模型券内环向裂缝进一步加宽至0.4mm。加载至13.2mm，荷载为138kN，此级加载新裂缝继续出现，拱顶正上方出现四条竖向裂缝，模型表现为结构稳定、施加荷载继续增大。加载至14mm，荷载为136kN，此时模型表面原有裂缝明显加宽，券内环向裂缝继续加宽至0.7mm，加载区域土体有竖直向下塌陷的趋势。加载至15.6mm，荷载为143kN，模型表面无新裂缝产生，券内环向裂缝加宽至1mm。加载至16.9mm，荷载为151kN，与上一级相比，结构承载力恢复并较之前更高，模型表面无新裂缝产生，券内拱脚位置两条沿进深的水平裂缝贯穿，表征土拱结构开始进入整体破坏状态。加载至 18.8mm，荷载为 153kN，拱券上部出现两条竖向裂缝，其中一条由拱券内水平裂缝延伸至模型表面并向上发展而形成，模型顶部左侧水平裂缝向下延伸，券内开始掉土，轻微冒顶，拱顶下沉 1cm，表征拱券结构进一步破坏。加载至 21.5mm，荷载为 142kN，模型表面无新裂缝产生，券内土体大体积剥落。加载至 23.8mm，荷载为 106kN，模型表面原有裂缝进一步加宽，并沿进深贯通，拱券内土体继续剥落，拱顶最大位移为 16mm，荷载减小至极限荷载的 69%，认为土拱结构已经破坏。模型 Tg-1 最终破坏形态如图 2-12 所示。

(a) 模型顶面

(b) 拱券左侧

(c) 拱券右侧

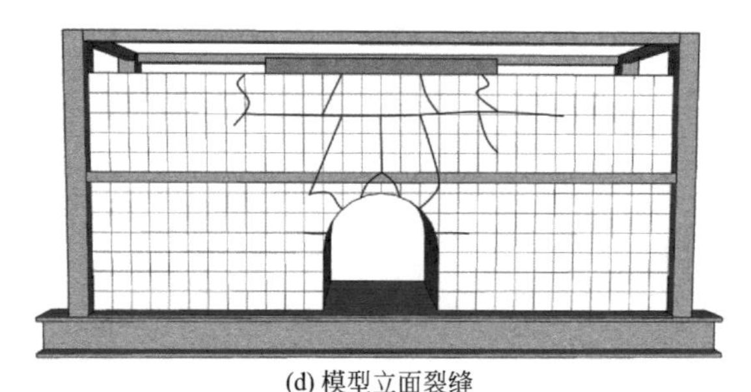

(d) 模型立面裂缝

图 2-12　模型 Tg-1 最终破坏形态

（2）覆土厚度为 0.8m 的土拱结构模型（Tg-2）：

加载至 2mm，荷载为 15kN，模型表面及拱券内部无新裂缝产生，初始微裂缝宽度变小。加载至 4.5mm，荷载为 25kN，模型高度 0.8m 以上区域出现一条竖向裂缝，0.8m 以下区域无裂缝。加载至 7mm，荷载为 36kN，模型表面拱券左上方出现三条斜裂缝。加载至 12.2mm，荷载为 69kN，拱券左上方裂缝开始向左下方发展，模型右上方高度为 1.2m 处出现两条竖向裂缝，左侧拱脚开始出现沿进深的水平裂缝。加载至 14.6mm，荷载为 79kN，左右侧拱脚处出现两条斜裂缝，拱券右上方裂缝竖直向下发展。加载至 17.6mm，荷载为 89kN，模型表面无新裂缝产生，原有裂缝继续加宽。加载至 20.7mm，荷载为 98kN，模型右上方原有裂缝继续向下延伸，拱券左侧出现长约 35cm 的环形裂缝。加载至 24.2mm，荷载为 102kN，位移增加较大，荷载增加较小，券内拱脚位置两条沿进深的水平裂缝贯穿并出现环向裂缝，券内少量土体剥落，拱券右上方再次出现长约 30cm 的竖向裂缝，拱顶竖向位移增大。加载至 27.8mm，荷载为 107kN，土拱结构达到极限荷载，模型表面无新裂缝产生，原有裂缝继续加宽。加载至 30.4mm，荷载为 101kN，此级加载位移增大，施加荷载不升反降，拱脚先于其他部位破坏，拱顶下沉 19mm。加载至 32.4mm，荷载为 84kN，位移增大，荷载增大缓慢均小于极限荷载，持荷一段时间，于下一次加载前荷载减小至极限荷载 80%以下，认为土拱结构破坏。模型 Tg-2 最终破坏形态如图 2-13 所示。

（3）覆土厚度为 1.0m 的土拱结构模型（Tg-3）：

加载至 2.2mm，荷载为 15kN，模型表面及拱券内部无新裂缝产生，初始裂缝宽度变小。加载至 5mm，荷载为 35kN，模型高度 1.2m 以上区域出现两条竖向裂缝并存在向下延伸的趋势，1.2m 以下区域无裂缝。加载至 7.5mm，荷载为 45kN，模型表面左上方出现两条斜裂缝，有向左下发展的趋势。加载至 10mm，荷载为 65kN，拱券正上方出现长约 20cm 竖向贯通裂缝与初始水平裂缝相交成“十”字形裂缝。加载至 12.4mm，荷载为 80kN，模型高度为 1.6m 处加载板边缘出现竖向裂缝并向下延伸。加载至 15.1mm，荷载为 90kN，模型表面原有裂缝快速发展，同时券内右侧墙开始出现竖向裂缝，拱券附近出现两条斜裂缝。加载至 17.5mm，荷载为 102kN，模型顶部再次出

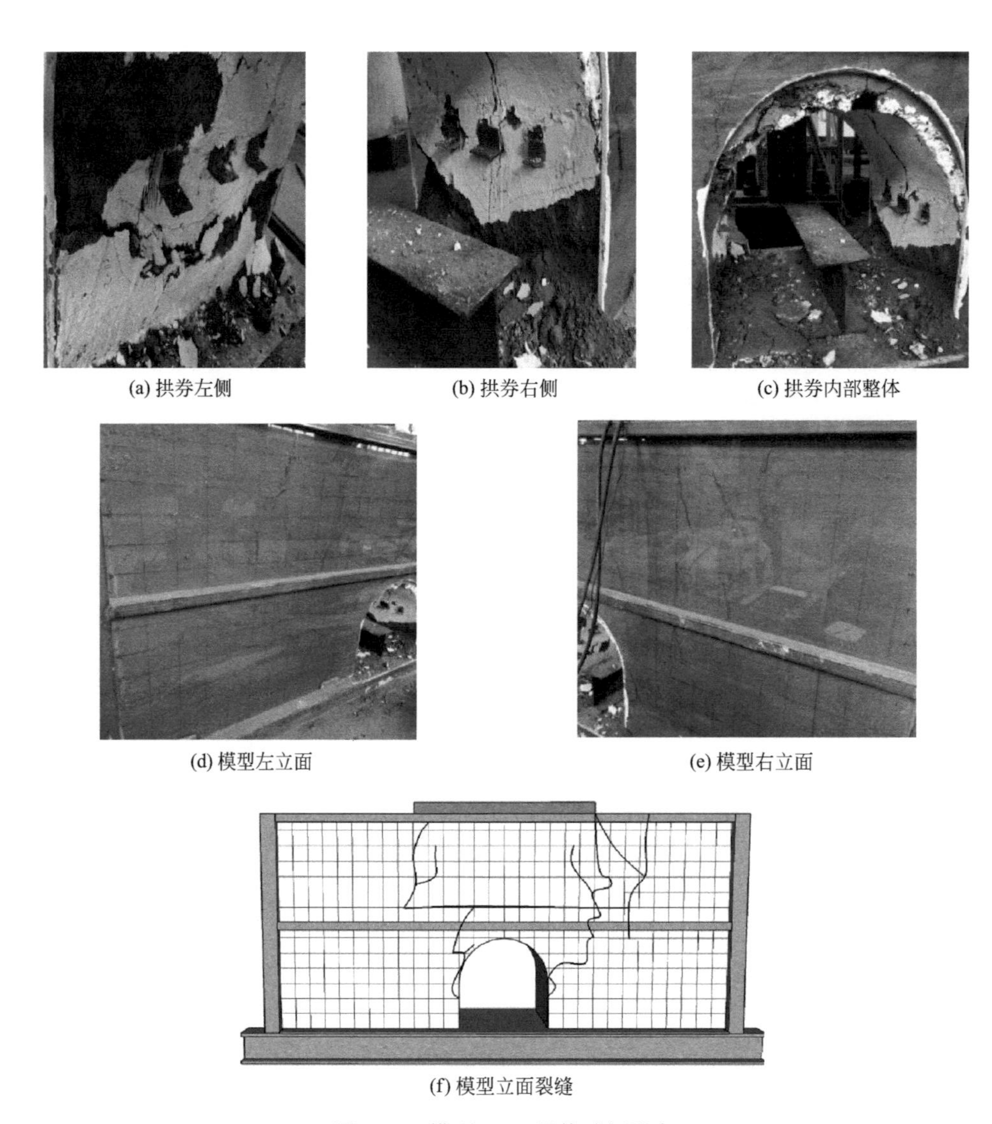

(a) 拱券左侧　(b) 拱券右侧　(c) 拱券内部整体

(d) 模型左立面　(e) 模型右立面

(f) 模型立面裂缝

图 2-13　模型 Tg-2 最终破坏形态

现一条竖向裂缝长 25cm，拱券右侧出现一条斜裂缝，拱券右上方出现一条斜裂缝，高 1.1m 处的水平初始裂缝消失，同时左右侧拱脚开始出现沿进深的水平裂缝。加载至 20.2mm，荷载为 113kN，上一级竖向裂缝向下发展，拱券附近出现三条斜裂缝，同时券内右侧墙开始出现环向裂缝。加载至 22.5mm，荷载为 114kN，拱券右上角出现一条斜裂缝，券内开始少量掉土。加载至

25.1mm，荷载为 119kN，模型左上角斜裂缝继续向左下角延伸，模型右上方区域再次出现一条长约 30cm 的竖向裂缝，拱券内拱脚位置两条沿进深的水平裂缝贯穿并伴随严重掉土，拱顶下沉 13mm。加载至 27.5mm，荷载为 122kN，右上方竖向裂缝向下发展，在此裂缝正下方 10cm 处出现一条竖向裂缝长约 30cm 与原有裂缝相连。加载至 29.6mm，荷载为 106kN，土拱开始进入破坏状态，券内土体大面积剥落，原有裂缝明显加宽。加载至 35.9mm，荷载为 82kN。位移增大荷载持续减小，拱券土体剥落面积增大，裂缝加宽，承载力为极限荷载的 67%，认为土拱结构已经破坏。模型 Tg-3 最终破坏形态如图 2-14 所示。

（4）覆土厚度为 1.2m 的土拱结构模型（Tg-4）：

加载至 3.9mm，荷载为 26kN，模型高度 1.8m 处出现多条竖向短裂缝，其中加载板两端边缘处竖向裂缝较其他竖向裂缝宽，高度 1.7m 以下区域无裂缝。加载至 7mm，荷载为 52kN，模型高度 1.4m 以上区域出现两条竖向裂缝并存在向下发展的趋势，1.4m 以下区域无裂缝。加载至 9mm，荷载为 68kN，模型表面左上角和右上角各出现一条竖向裂缝，拱券上方高度为 1.6m 处出现“T”形裂缝。加载至 11mm，荷载为 84kN，拱券正上方出现长约 30cm 竖向贯通裂缝与水平裂缝相交成“十”字形裂缝，拱券右上角产生水平裂缝。加载至 14.2mm，荷载为 111kN，原“T”形裂缝向上发展贯通，并向下延伸。加载至 17.8mm，荷载为 124kN，拱券内部左右侧拱脚处出现沿进深的水平裂缝，模型顶部产生新的竖向裂缝，同时原有竖向裂缝快速向下发展。加载至 19.8mm，荷载为 139kN，此级加载结束后，模型表面无新裂缝产生，原有裂缝加宽。加载至 21.8mm，荷载为 150kN，模型表面无新裂缝产生，原有裂缝进一步加宽，券内产生沿拱券的环向裂缝。加载至 24.1mm，荷载为 146kN，位移增大荷载减小，模型顶部土体开裂，裂缝斜向下延伸约 40cm，原左上角裂缝斜向下发展至 1.3m 高度处。加载至 25.8mm，荷载为 150kN，拱券左上方和右上方斜裂缝继续向下发展，同时裂缝宽度加

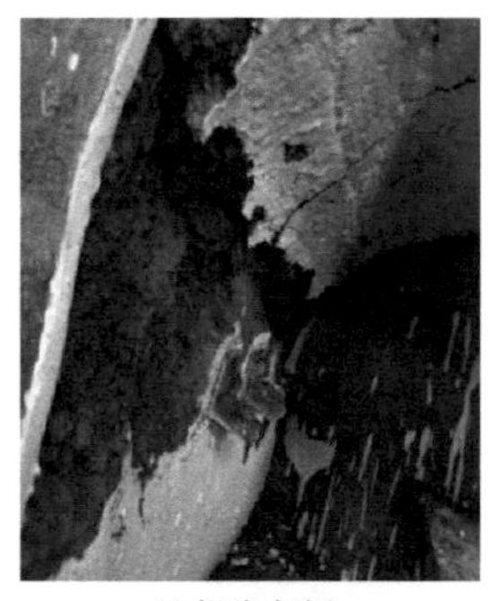
(a) 拱券左侧

(b) 拱券右侧

(c) 拱券内部整体

(d) 模型左立面

(e) 模型右立面

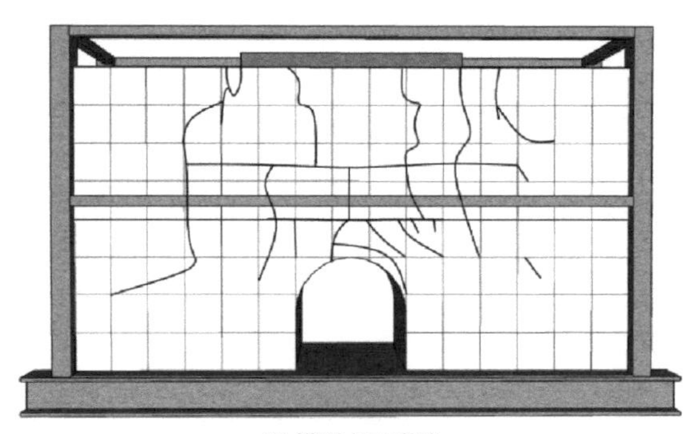
(f) 模型立面裂缝

图 2-14 模型 Tg-3 最终破坏形态

宽，拱顶下沉 8mm。加载至 28.6mm，荷载为 160kN，券内拱脚位置两条沿进深的水平裂缝贯穿并伴随少量土体剥落，右侧墙出现竖向裂缝，结构开始进入破坏状态。加载至 33.1mm，荷载为 120kN，位移增大，荷载减小。左侧拱脚处产生的沿进深的水平裂缝向上发展，原有左上角裂缝水平向右发展，拱券右侧墙土体剥落，拱顶下沉 15mm。加载至 36.5mm，荷载为 121kN，位移增大荷载保持不变，承载力为极限荷载的 75%，认为土拱结构已经破坏。模型 Tg-4 最终破坏形态如图 2-15 所示。

(a) 拱券左侧

(b) 拱券右侧

(c) 拱券内部整体

(d) 模型左立面

(e) 模型右立面

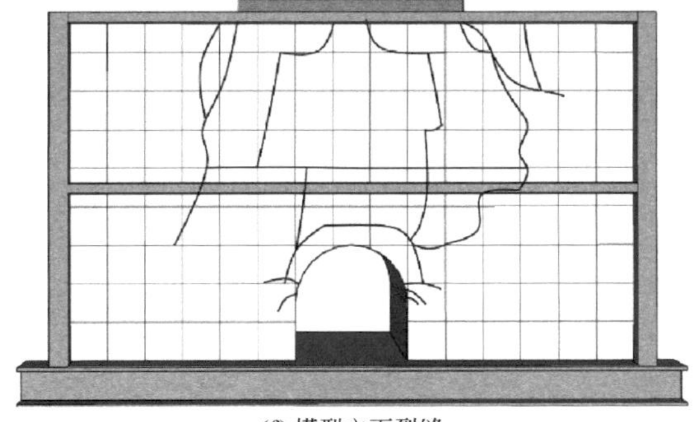
(f) 模型立面裂缝

图 2-15　模型 Tg-4 最终破坏形态

2.6.2 破坏特征分析

(1) 模型顶面：Tg-1～Tg-4 均表现为整个平面被两条裂缝分割成三块区域，即加载区和无荷区；加载区土体向下凹陷，无荷区保持加载前状态，原因是顶面土体被加载板边缘剪切破坏，形成沿进深的水平裂缝，加载板下部土体受压导致内部孔隙减小发生压缩变形及向下的竖向位移。

(2) 模型左右两侧面：Tg-1～Tg-4 的左右两侧面均未发生破坏，监测到模型两侧面水平位移均小于 2mm，表明两侧土体宽度为 2 倍拱跨是合理的。

(3) 模型正立面：Tg-1 正立面裂缝情况为：模型高度 0.9m 以上区域左右侧各有一条主斜裂缝均在加载范围以外，拱顶到 0.9m 高度范围以加载范围内的竖向裂缝为主。Tg-2 正立面裂缝情况为：模型高度 0.8m 以上区域左右侧各有一条主斜裂缝均在加载范围以外，拱顶到 0.8m 高度范围以加载范围内的竖向裂缝为主。Tg-3 正立面裂缝情况为：模型高度 0.8m 以上区域左右侧各有两条主斜裂缝，加载区域内外各两条，拱顶到 0.8m 高度范围以拱券上方的多条竖向裂缝为主，券顶区域有较密集的斜裂缝。Tg-4 正立面裂缝情况为：模型高度 0.8m 以上区域左右侧各有两条主斜裂缝，加载区域内外各两条，拱顶到 0.8m 高度范围以拱券附近的竖向裂缝为主，券顶区域有较密集的环向裂缝。四个模型在高度方向均被水平裂缝分割成上下两个区域，上部区域裂缝为斜裂缝，属于典型的剪切破坏特征，下部区域裂缝为竖向裂缝，属于拱券结构塌陷破坏特征。

(4) 拱券内部：Tg-1～Tg-4 拱券内部破坏顺序均为两侧拱脚处出现沿进深的水平裂缝，随后沿进深 0.3m 处出现沿拱券的环向裂缝，最后拱脚处水平裂缝贯通扩大导致土体大面积剥落，结构失效。

第3章 试验结果分析

本章依据试验采集的数据，对竖向荷载作用下土拱结构模型的承载力、拱顶下挠与拱券变形、竖向土压力以及土拱效应进行了分析，揭示土拱结构的静力性能及其传力机制，为土拱结构的设计施工、安全评估及制定合理有效的加固方案提供科学依据。

3.1 土拱结构承载力分析

为消除土体压实度对土拱承载力分析的影响，对土拱竖向荷载作用下的变形过程进行了分析。根据油压千斤顶施加的位移（V_0），即模型顶部加载钢板的位移，与拱顶位移（V_3）的差值Δ_V，将土体压缩过程分为压缩期和压缩稳定期，理想状态下，当上部土体压缩稳定时，加载区域土体顶部和拱顶将发生大小相同的竖向位移，表现在位移差值上为常数。通过分析得出，当位移差值与荷载关系曲线的斜率明显减小时，上部土体压缩变形基本趋于稳定。因此，将曲线斜率明显变小时对应的横坐标作为压缩期和压缩稳定期的分界点，认定在分界点之前的时间段为压缩期，分界点之后的时间段为压缩稳定期。

四个模型的位移差值 Δ_V 与模型顶部荷载 F 的关系如图 3-1 所示。

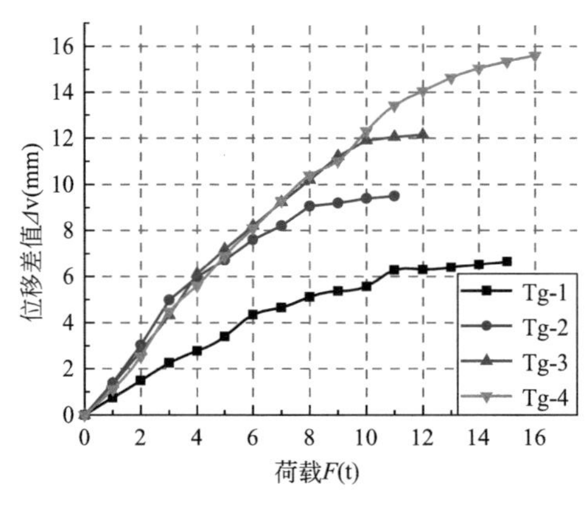

图 3-1　Δ_V-F 关系图

由图 3-1 可知：

（1）Tg-1 的压缩分界点在 6t 附近，Tg-2 的压缩分界点在 8t 附近，Tg-3 的压缩分界点在 10t 附近，Tg-4 的压缩分界点在 12t 附近。因此，覆土厚度越大土体压缩到稳定需要的荷载越大，表明土体内部传力并不是直接将竖向荷载等值向下传递，而是在向下传递过程中荷载逐渐减小，即存在“卸载拱”。

（2）模型 Tg-1～Tg-4 覆土厚度递增，四条曲线高度也呈现出递增的现象，表明拱券上部土体厚度越大总压缩量越大。将覆土厚度相邻的模型曲线进行对比，发现 Tg-1 的压缩性小于 Tg-2，Tg-4 的压缩性小于 Tg-3，再加上材性试验得出的压缩模量大小关系，证明第二批制作的模型压实度小于第一批。

由于四个模型分两批制作，导致两批模型土体的压实度有明显的区别，最终表现为土拱结构模型受竖向荷载作用时的竖向压缩变形及承载力不同。

压实度的影响给四个模型的对比分析带来了极大的难度，因此忽略压实度对承载力及竖向压缩变形的影响可以使分析难度大幅降低。

以 Tg-1 的压实度为标准，将其余三个模型转化为和 Tg-1 等压实度的模型，以消除压实度的影响，引入承载力修正系数 a_i，位移修正系数 b_i，a_i、b_i 计算见式（3-1），a_i、b_i 的具体数值如表 3-1 所示。

$$a_i = \frac{E_{s1}}{E_{si}},\ b_i = \frac{1}{a_i} \tag{3-1}$$

式中：a_i 为 Tg-i 模型的承载力修正系数；b_i 为 Tg-i 模型的位移修正系数（i=1、2、3、4）；E_{s1} 为 Tg-1 模型的压缩模量；E_{si} 为 Tg-i 模型的压缩模量。

修正系数表　　表 3-1

模型	Tg-1	Tg-2	Tg-3	Tg-4
承载力修正系数 a_i	1.00	1.45	1.33	1.12
位移修正系数 b_i	1.00	0.69	0.75	0.89

将承载力乘以承载力修正系数，位移乘以位移修正系数，能有效消除压实度的影响，其修正后的承载力（aF）与修正后的位移（bY）关系如图 3-2

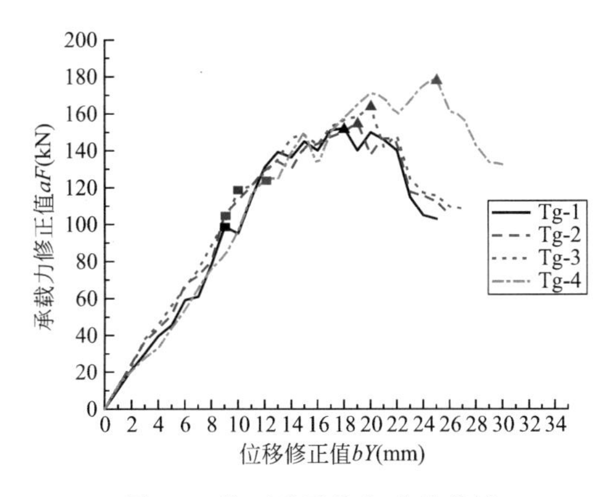

图 3-2　修正后承载力-位移曲线

所示，图中曲线上的“■、▲”分别是对应模型的比例界限荷载点和极限荷载点。各模型荷载位移特征值中比例界限荷载（P_E）及其对应的加载板位移（Y_E）和极限荷载（P_u）及其对应的加载板位移（Y_u）如表 3-2 所示。

各模型荷载位移特征值 **表 3-2**

模型	P_E(kN)	Y_E(mm)	P_u(kN)	Y_u(mm)
Tg-1	98.6	9.0	152.1	18.0
Tg-2	105.3	9.0	155.3	19.0
Tg-3	121.0	11.0	163.2	22.0
Tg-4	124.7	12.0	178.9	25.0

由图 3-2 可知：加载前期四个模型的修正后位移-荷载曲线呈线性关系，认为加载前期土拱结构处于弹性变形阶段或土体压密阶段，将弹性变形阶段的最大荷载值称之为比例界限荷载，用 P_E 表示，其对应的加载板位移用 Y_E 表示；将曲线的最高点对应的荷载称之为极限荷载，用 P_u 表示，其对应的加载板位移用 Y_u 表示。四个模型处于弹性变形阶段的曲线斜率大小基本相同，证明本书消除压实度差异的方法是正确的。从曲线可看出土拱结构在竖向静力荷载作用下从开始加载到结构破坏经历了三个阶段，分别为弹性变形阶段、弹塑性变形阶段（或剪切阶段）及破坏阶段。覆土厚度越大，土拱结构达到极限荷载所需要的位移越大。图中四个模型最大极限荷载与最小极限荷载之差为 26.8kN，承载力提高率仅为 17%，说明随覆土厚度增大土拱结构承载力增大，但土拱结构的承载力提升并不显著。

为保证土拱结构的稳定、正常使用功能及日后的维护需求，土拱结构应基于弹性状态进行工程设计，并在此状态下正常工作。因此，本书将对处于比例界限状态时的土拱结构模型进行研究分析，由表 3-2 可知：Tg-1～Tg-4 的修正后比例界限荷载为 98.6kN、105.3kN、121.0kN 和 124.7kN，其对应的修正前比例界限荷载为 98.6kN、72.6kN、91.0kN 和 111.3kN。

3.2 变形分析

土拱结构的拱顶下挠和拱券变形对黄土隧道和窑居建筑的使用功能影响很大，因此有必要对竖向荷载作用下土拱结构的拱顶下挠与拱券变形进行分析，揭示影响使用功能时对应的拱顶下挠值和竖向荷载最大值，以及竖向荷载作用下不同覆土厚度模型的拱券变形情况。规定土拱结构的拱脚处出现沿进深方向的水平裂缝时，即拱脚出现破坏时，对应的拱顶下挠值和拱券变形将影响其使用功能。

3.2.1 拱顶下挠分析

拱顶下挠过大，容易导致黄土隧道和窑居建筑内部照明设备掉落、顶部土体局部冒顶以及雨水渗漏等危害，因此有必要将拱顶竖向位移控制在合理的范围内，以避免出现安全事故。通过对土拱结构拱顶下挠分析，揭示不同土拱结构安全状态下的极限挠度。

土拱结构模型拱顶位移（V_c）取拱券顶部内外侧竖向位移（V_3、V_8）的平均值，拱顶位移与模型顶部荷载的关系如图3-3所示。

从试验加载破坏过程中得知，Tg-1～Tg-4加载到拱脚处出现沿进深方向的水平裂缝时对应的荷载分别是97kN、69kN、102kN和124kN。从图3-3可看出四条曲线斜率变化的四个荷载特征点分别对应纵坐标的10t、7t、9t和14t，这与拱券出现沿进深方向的水平裂缝时对应的荷载相似，对应的拱顶位移值分别为3.44mm、4.75mm、3.42mm和2.11mm。

由图3-3可知：

（1）土拱结构的拱顶在上部土体压缩阶段下挠缓慢，在上部土体压缩稳

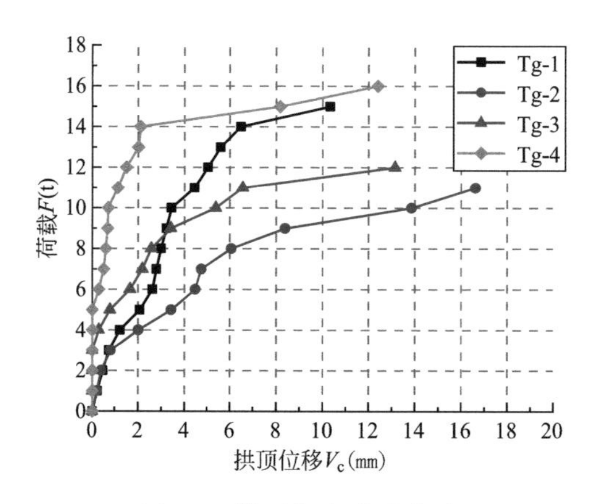

图 3-3 拱顶位移-荷载曲线

定阶段下挠迅速。

(2) 不同覆土厚度模型的极限挠度值大小相近，故覆土厚度对极限挠度值影响较小，对达到极限挠度值所需的荷载影响较大；Tg-1～Tg-4 在竖向静力荷载作用下的拱顶极限挠度取最小值为 2mm，考虑到结构的安全冗余度，建议取其极限挠度值为 1.82mm，即土拱结构的拱顶极限挠度值取为 $f/165$。

3.2.2 拱券变形分析

根据拱券内部布置的拉线位移计、水平和竖向静力位移计采集的数据，对拱券变形进行分析，揭示土拱结构在竖向荷载作用下的拱脚水平变形和收敛变形情况。试验中采用的拉线位移计以拉线缩短为正伸长为负，静力位移计以指针后退为正、前进为负。定义进深为 0.3m 处的拱券为中拱券，以土拱前后两侧对应的位移计数值的平均值代表中拱券测点的位移，规定：$\overline{V_1}$（V_1、V_6 的均值）为中拱券左拱脚处的竖向位移、$\overline{V_2}$（V_2、V_7 的均值）为中拱券左拱脚处的水平位移、$\overline{V_4}$（V_4、V_9 的均值）为中拱券右拱脚处的竖向位移、$\overline{V_5}$（V_5、V_{10} 的均值）为中拱券右拱脚处的水平位移，拉线位移计和静力位移计采集加载到比例界限荷载和极限荷载时的中拱券各测点位移数据如表 3-3 所示。

中拱券各测点位移　　表 3-3

时刻	模型	L_1(mm)	L_2(mm)	$\overline{V_1}$(mm)	$\overline{V_2}$(mm)	V_c(mm)	$\overline{V_4}$(mm)	$\overline{V_5}$(mm)
比例界限荷载	Tg-1	2.27	2.61	0.55	0.09	3.44	0.36	−0.20
	Tg-2	1.63	1.54	0.75	−0.03	4.75	0.56	−0.55
	Tg-3	1.46	1.38	1.02	−0.52	3.42	1.11	−0.63
	Tg-4	0.34	0.47	0.36	−0.03	1.14	0.32	−0.02
极限荷载	Tg-1	10.23	10.64	1.46	−0.16	10.34	0.62	−0.66
	Tg-2	6.25	6.77	1.42	−1.26	16.62	1.17	−1.13
	Tg-3	5.56	5.83	1.34	−1.27	13.14	1.56	−1.33
	Tg-4	5.13	5.35	1.28	−1.45	12.40	1.18	−1.57

1. 水平变形分析

由表 3-3 可知，拱券内左右对称布置的拉线位移计的读数（L_1、L_2）大小相近，表明土拱结构在竖向静力荷载作用下拱顶发生垂直下挠，在水平方向未发生偏移；同时，加载到极限荷载时表中的 $\overline{V_2}$、$\overline{V_5}$ 数值较小，即中拱券左右拱脚处的水平位移不大，证明本书设计的左右侧土体厚度满足约束条件。

为便于观察将表 3-3 中的数据放大 10 倍，绘制出不同土拱结构模型的拱券变形图如图 3-4 所示。

对图 3-4（a）～（d）加载至比例界限荷载时的形状进行对比分析，发现不同覆土厚度模型在相同极限状态下，覆土厚度越大拱券变形越小。对图 3-4（a）～（d）加载至各自极限荷载时的形状进行对比分析，发现覆土厚度越大侧墙水平方向的变形向券外发展越明显，导致侧墙向券外发生微小倾斜，以上现象说明覆土厚度越大拱脚处土体传力方向越偏离竖直方向，即以拱脚为支座的土拱效应越强。

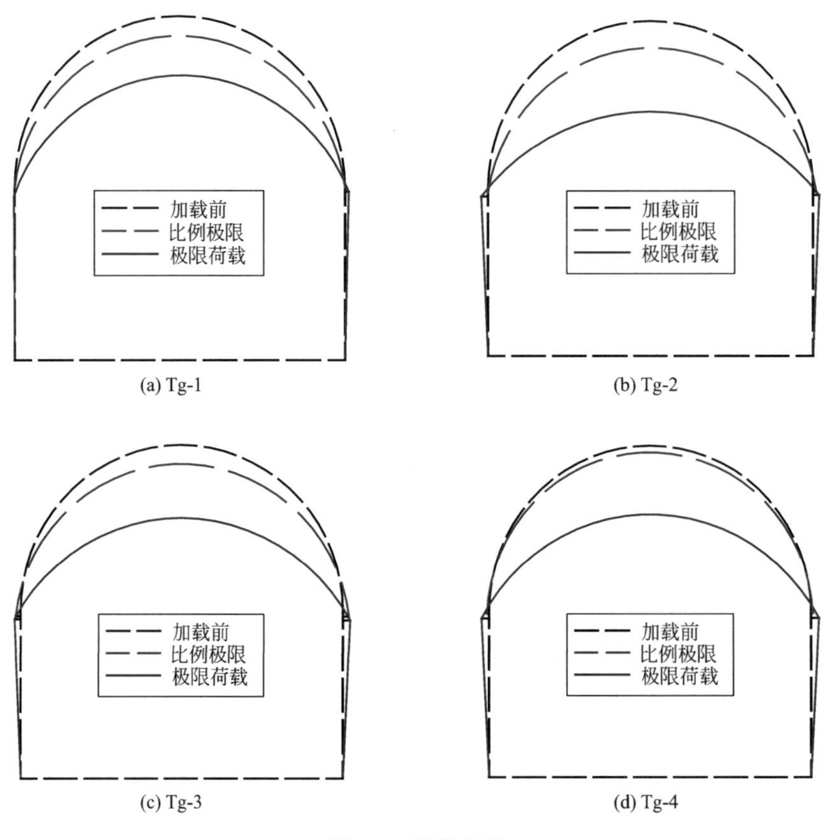

图 3-4 拱券变形

2. 收敛变形分析

隧洞的收敛位移变化是其周围土体受力状态变化最直观的反应，分析拱券收敛变形对土拱结构有着重要意义，本书采用累积收敛值反映拱券收敛情况，以正值表示向内收敛，以负值表示向外扩张。累积收敛值为 L_1、L_2、$\overline{V_2}$ 和 $\overline{V_5}$ 读数之和，累积收敛值与荷载的关系如图 3-5 所示。

从图 3-5 可以看出：Tg-1～Tg-4 的拱券累积收敛值曲线曲率突变点对应的荷载值分别为 9t、8t、9t 和 13t，其均在各自的比例界限荷载附近，故土拱结构在弹性变形阶段其拱券收敛变形较小且缓慢，在弹塑性变形阶段其收敛变形较大且迅速；达到极限荷载时，土拱结构模型的覆土厚度越大，其收敛变形越小。

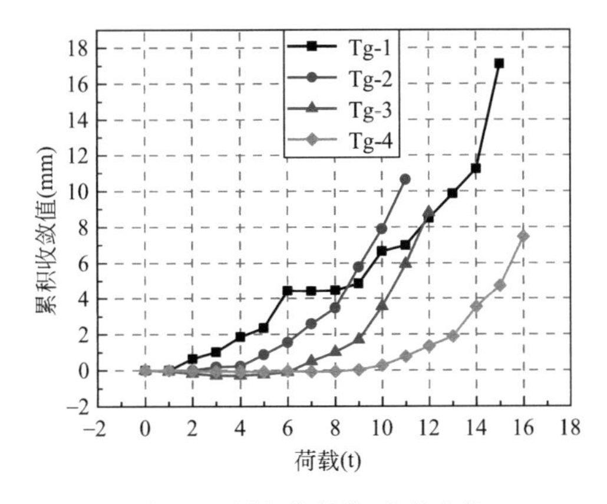

图 3-5　累积收敛值-荷载曲线

3.3　土拱结构土压力分析

3.3.1　竖向土压力分布规律分析

根据各测点土压力盒的读数，探索土拱结构在加载前及加载至比例界限荷载的竖向土压力分布情况。加载前土拱结构模型内部不同高度平面竖向土压力分布如图 3-6 所示，加载至比例界限荷载时土拱结构模型内部不同高度平面竖向土压力分布如图 3-7 所示。

从图 3-6 可以看出：不同覆土厚度的模型竖向土压力分布表现出相同的规律：同一高度平面跨中竖向土压力小，两侧竖向土压力大，呈“V”字形分布。理论上，在土体不开孔洞的情况下竖向土压力只由土体自重应力控制，在同一深度平面其值应大小相等，呈“一”字形分布，土体开洞后，土中原来的应力状态重新分布，出现跨中附近竖向土压力减小，两侧土压力增大的现象，并且越靠近洞口，现象越明显。

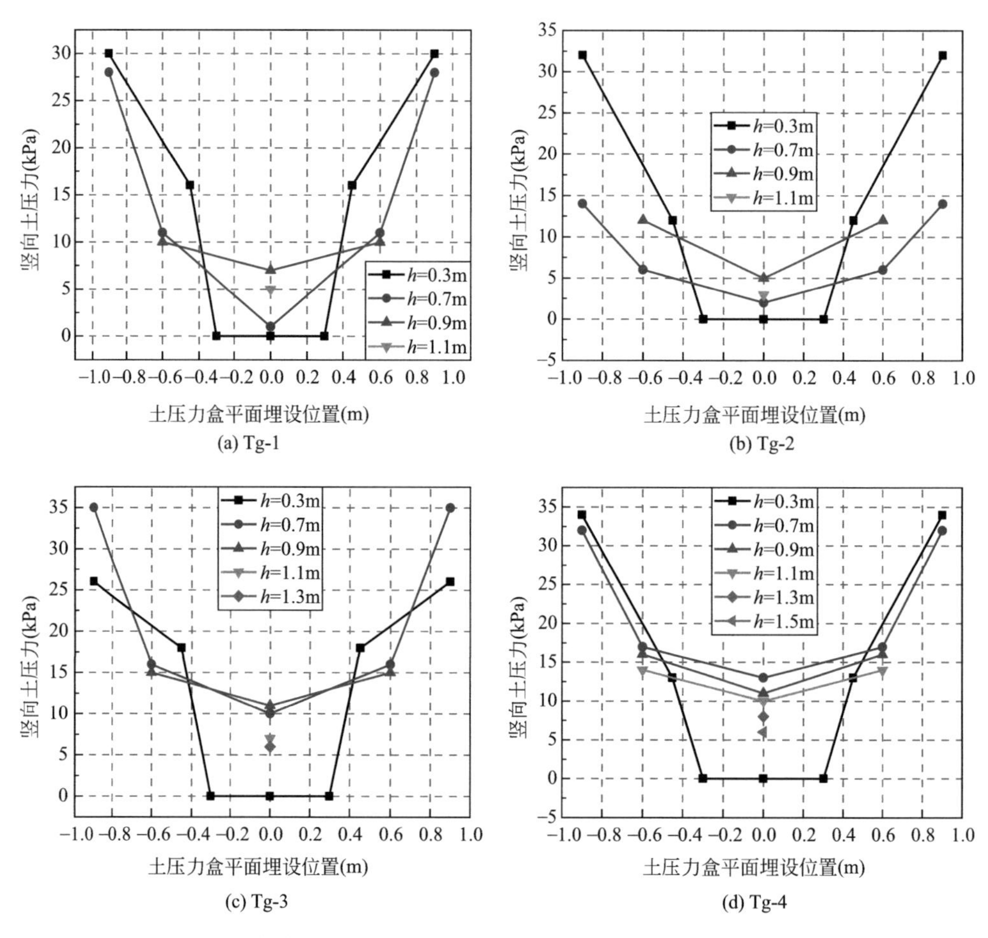

(a) Tg-1 (b) Tg-2

(c) Tg-3 (d) Tg-4

图 3-6 加载前土拱结构模型内部不同高度平面竖向土压力分布

从图 3-7 可以看出：出现高度为 0.3m 平面处的竖向土压力由加载前的拱券向两侧递增变为拱券向两侧递减的现象，即加载区域内高度为 0.3m 平面处存在“卸载拱”，使拱脚高度平面靠近拱券处竖向土压力更大；高度为 0.7m、0.9m、1.1m 平面处加载范围内的竖向土压力仍然保持“V”字形的分布规律，其中图 3-7（a）高度为 0.9m 处出现相反的分布规律，这是由于 Tg-1 覆土厚度太小，导致跨中处荷载产生的附加竖向土压力较大，两侧较小，最终呈倒“V”形的现象；土拱结构在静力荷载作用下拱顶平面埋深越浅竖向土压力值越大。

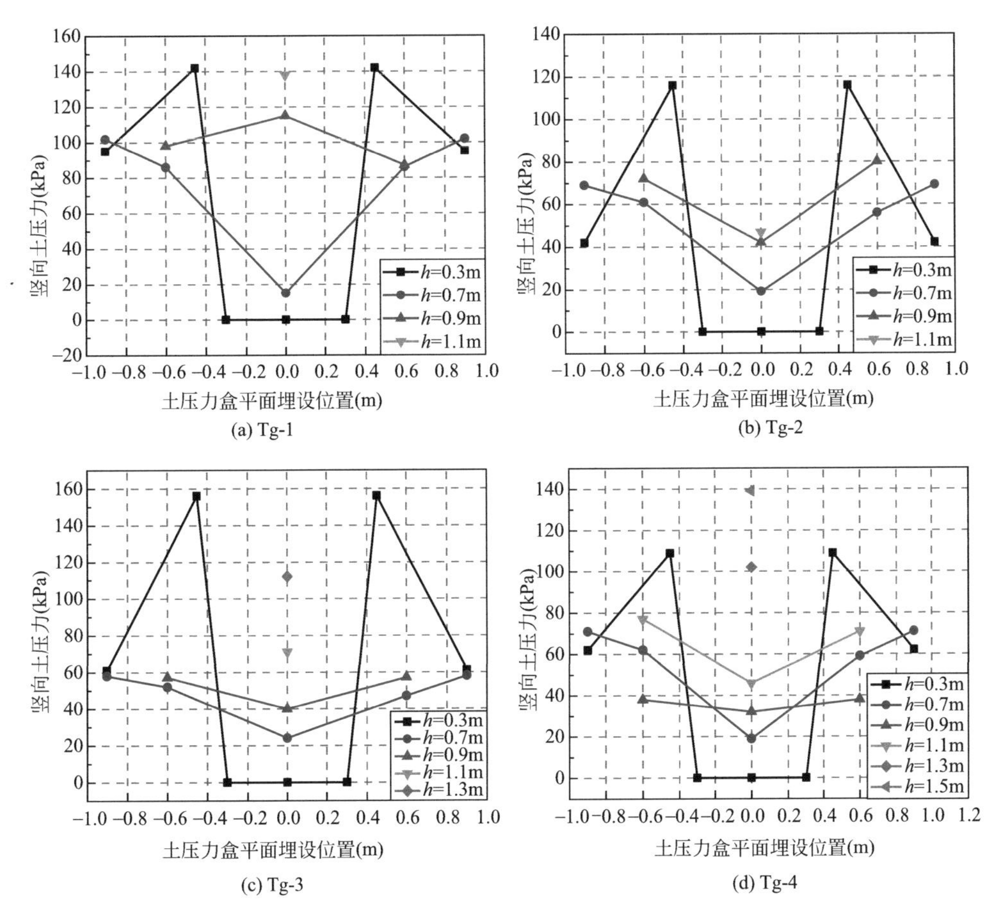

图 3-7　加载至比例界限荷载时土拱结构模型内部不同高度平面竖向土压力分布

对比图 3-6 和图 3-7 可知，静力荷载使土拱结构加载范围内的拱脚高度平面处竖向土压力分布规律由拱券向两侧递增改变为拱券向两侧递减，同时使埋深 0.3m 以内的跨中竖向土压力剧增，但不改变加载范围内拱顶到埋深 0.3m 之间的竖向土压力分布规律。

3.3.2　竖向土压力变化规律分析

根据从加载前到加载至比例界限荷载时采集到的竖向土压力数据，对四个土拱结构模型的竖向土压力变化规律进行分析，揭示加载过程中竖向土压力的变化规律。四个模型的竖向土压力随施加荷载的变化关系如图 3-8 所示。

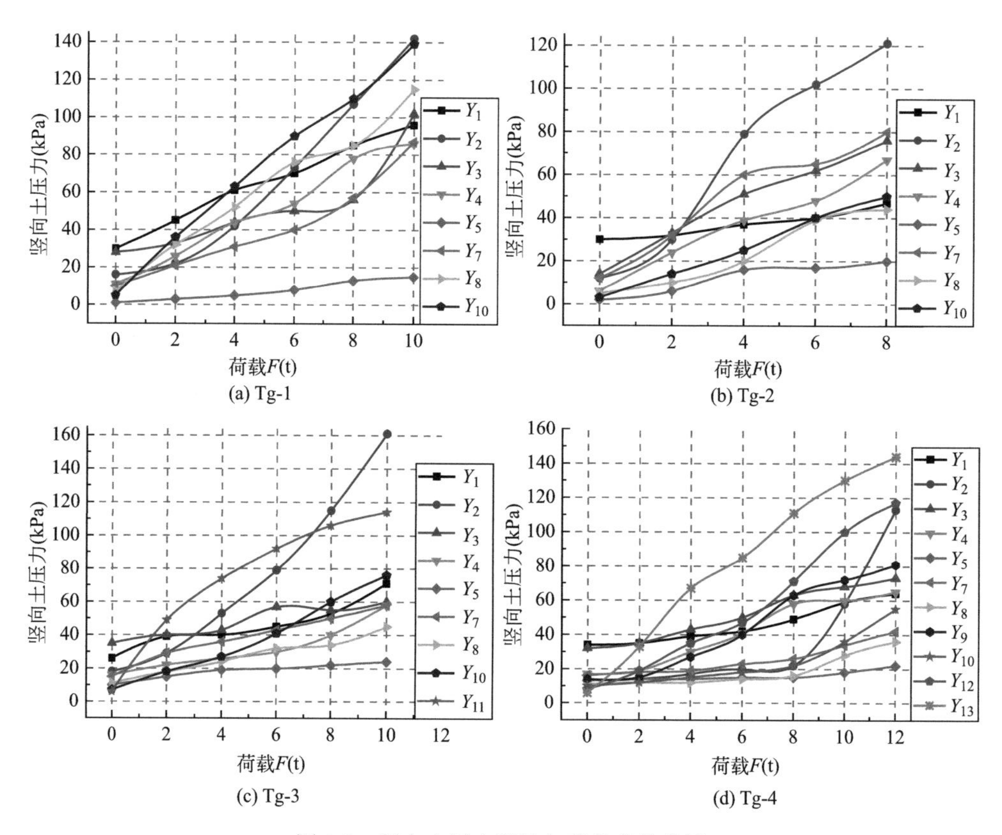

图 3-8　竖向土压力随施加荷载变化曲线

从图 3-8（a）可以看出：加载前，同一高度平面的 $Y_1 > Y_2$，加载至 6t 时，Y_2 第一次大于 Y_1，并保持大于 Y_1 的增速，增速接近 Y_{10}，加载到比例界限荷载时数值接近 Y_{10}，增幅大；同一高度平面的 Y_3 和 Y_4 增速和增幅相近，Y_5 始终保持低速增长，且数值小于 Y_3 和 Y_4；对比 Y_7、Y_8、Y_{10} 三条曲线可知：加载时，在一定深度以内覆土厚度越小竖向土压力增速和增幅越大；同一高度越靠近跨中竖向土压力增速和增幅越大。

鉴于以上分析，给出 Tg-1 在加载过程中竖向土压力的变化规律为：Y_2、

Y_8、Y_{10} 的增速和增幅最大，竖向土压力值较大，应力集中现象最明显；Y_5 的增速和增幅最小，基本保持平稳状态，竖向土压力值最小；Y_1、Y_4 的增速、增幅和最终土压力值介于以上二者之间。

从图 3-8（b）可以看出：加载前，同一高度平面的 $Y_1 > Y_2$，加载至 2t 时，Y_2 第一次大于 Y_1，并保持大于 Y_1 的增速，加载到比例界限荷载时数值最大，增幅最大；同一高度平面的 Y_3 始终大于 Y_4，二者增速和增幅相近，曲线近似平行，同一高度平面的 Y_5 始终保持低速增长，且数值小于 Y_3 和 Y_4，4t 以后稳定在 18kPa；同一高度平面的 Y_7 始终大于 Y_8，Y_7 的增速和增幅远远大于 Y_8，Y_{10} 的增速和增幅与 Y_8 相近。

鉴于以上分析，给出 Tg-2 在加载过程中竖向土压力的变化规律为：Y_2 的增速和增幅最大，竖向土压力值最大，应力集中现象最明显；Y_1、Y_5、Y_8、Y_{10} 的增幅和增速最小，尤其是 Y_5 基本保持平稳状态，竖向土压力值最小；Y_3、Y_4、Y_7 的增速、增幅和最终土压力值介于以上二者之间。

从图 3-8（c）可以看出：加载前，同一高度平面的 $Y_1 > Y_2$，加载至 3t 时，Y_2 第一次大于 Y_1，并保持大于 Y_1 的增速，加载到比例界限荷载时数值最大，增幅最大；同一高度平面的 Y_3 始终大于 Y_4，二者增速和增幅相近，同一高度平面的 Y_5 始终保持低速增长，且数值小于 Y_3 和 Y_4；同一高度平面的 Y_7 始终大于 Y_8，Y_7、Y_8 的增速和增幅相近；Y_{11} 的增速和增幅远远大于 Y_{10}。

鉴于以上分析，给出 Tg-3 在加载过程中竖向土压力的变化规律为：Y_2 和 Y_{11} 的增幅和增速最大，竖向土压力值最大，应力集中现象最明显；Y_3、Y_4、Y_5、Y_7、Y_8 的增幅和增速最小，尤其是 Y_5 基本保持平稳状态，竖向土压力值最小；Y_{10} 的增幅、增速介于以上二者之间。

从图 3-8（d）可以看出：同一高度平面的 $Y_1 > Y_2$，加载至 10t 时，Y_2 第一次大于 Y_1，并保持大于 Y_1 的增速，加载到比例界限荷载时数值较大，增幅较大；同一高度平面的 Y_3 始终大于 Y_4，Y_3 的增速和增幅比 Y_4 稍大，同一

高度平面的 Y_5 始终保持低速增长，且数值小于 Y_3 和 Y_4；同一高度平面的 Y_7 始终大于 Y_8，Y_7、Y_8 的增速和增幅相近，曲线近似平行；同一高度平面的 Y_9 始终大于 Y_{10}，Y_9 的增速和增幅大于 Y_{10}，且增幅较大。Y_{13} 的增幅大于 Y_{12}，且二者的增速和增幅均大于其他测点。

鉴于以上分析，给出 Tg-4 在加载过程中竖向土压力的变化规律为：Y_2、Y_{12}、Y_{13} 的增速和增幅最大，竖向土压力值最大，应力集中现象最明显；Y_1、Y_5、Y_7、Y_8、Y_{10} 的增速和增幅最小，尤其是 Y_5、Y_8 基本保持平稳状态，竖向土压力值最小；Y_3、Y_4、Y_9 的增速和增幅介于以上二者之间。

总结以上四个模型的数据分析，得出加载过程中土拱结构竖向土压力的变化规律：拱脚处和埋深为 0.3m 以内的跨中处竖向土压力增速和增幅较大，数值最大，应力集中现象最明显；埋深 0.3m 到拱顶处竖向土压力增速和增幅逐渐减小，跨中最终竖向土压力数值小于两侧，拱顶处竖向土压力基本稳定在 20kPa。

3.3.3 不同覆土厚度模型相同位置处土压力对比分析

通过对加载前和加载至 7t 时四个不同覆土厚度模型相同测点的竖向土压力数值进行对比分析，揭示覆土厚度对不同测点竖向土压力的影响。为了保证四个模型都处于弹性阶段，并且荷载尽可能接近比例界限荷载，才能真实地反映土拱结构正常工作时的受力状态，故此处选择加载至四个比例界限荷载的最小值（7t）时的土压力。加载前四个模型相同测点的竖向土压力随覆土厚度变化关系如图 3-9 所示，加载至 7t 时四个模型相同测点的竖向土压力随覆土厚度变化关系如图 3-10 所示。

从图 3-9（a）可以看出，覆土厚度增大对高度为 0.3m 平面处竖向土压力的影响不明显，曲线的大体走向不是单调递增的，故加载前高度为 0.3m 平面处竖向土压力对覆土厚度变化不敏感。从图 3-9（b）可以看出，随着覆

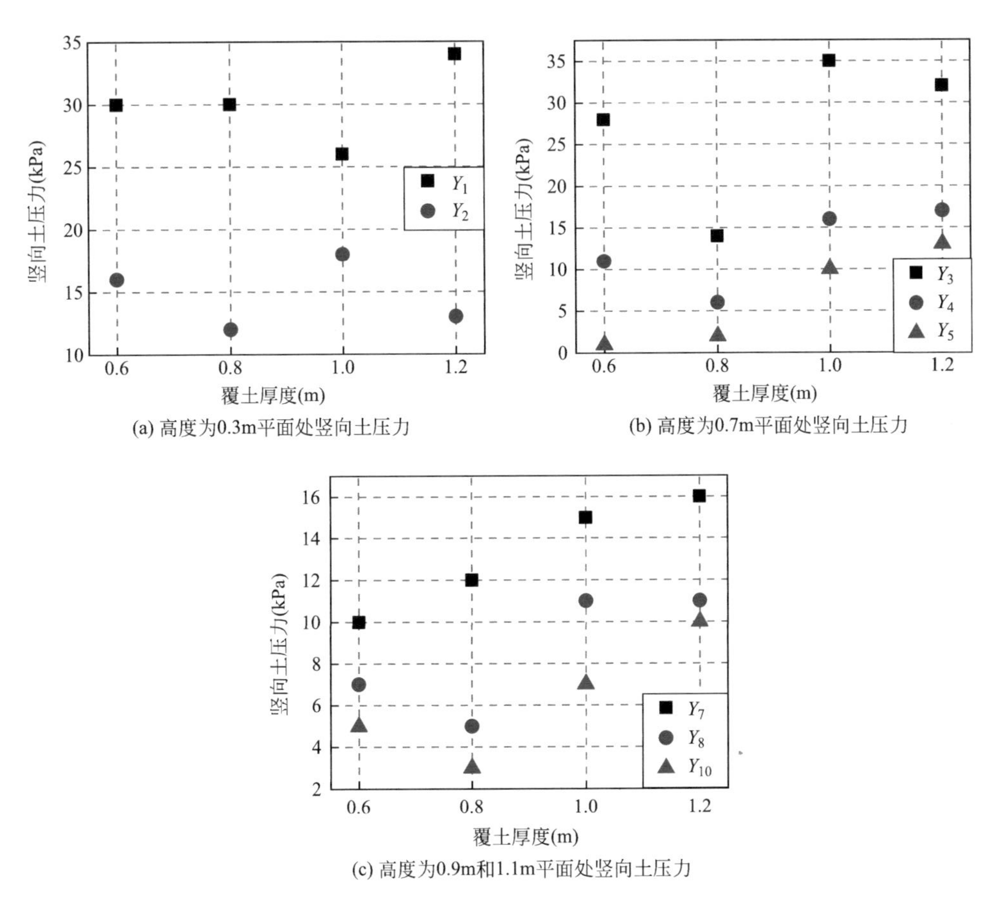

图 3-9　加载前四个模型相同测点的竖向土压力散点图

土厚度的增加，拱顶正上方的竖向土压力（Y_5）增大，左侧的竖向土压力（Y_3、Y_4）先减后增，其中 Y_3 变化幅度较大，故加载前高度为 0.7m 平面处竖向土压力对覆土厚度变化的敏感度由跨中向两侧逐渐增加。从图 3-9（c）可以看出，随着覆土厚度增大，Y_7 逐渐增大，Y_8、Y_{10} 先减后增，但减小并不多，总体上是增加趋势，其中 Y_7 变化幅度比 Y_8 较大，故加载前高度为 0.9m 平面处竖向土压力对覆土厚度变化的敏感度由跨中向两侧逐渐增加。

鉴于以上分析，得出以下结论：加载前高度为 0.3m 平面处竖向土压力对覆土厚度变化不敏感，表明上部土体达到一定高度后，高度为 0.3m 平面处竖向土压力值（Y_1、Y_2）稳定，且不随上部土体厚度增加而增大。高度为0.7m和0.9m平面处竖向土压力对覆土厚度变化的敏感度由跨中向两侧逐渐增加，二者敏感程度相近，且随上部土体厚度增加而增大。

从图3-10（a）可以看出，覆土厚度增大到0.8m时，高度0.3m平面处竖向土压力（Y_1）明显减小，并保持在40kPa附近，覆土厚度增大到1.2m时，Y_2明显减小，故加载至7t时高度为0.3m平面处竖向土压力对覆土厚度变化较敏感。从图3-10（b）可以看出，随着覆土厚度增大，高度为0.7m平面处竖向土压力（Y_3、Y_5）变化不明显，Y_4先减后增，总体上是减小趋势，

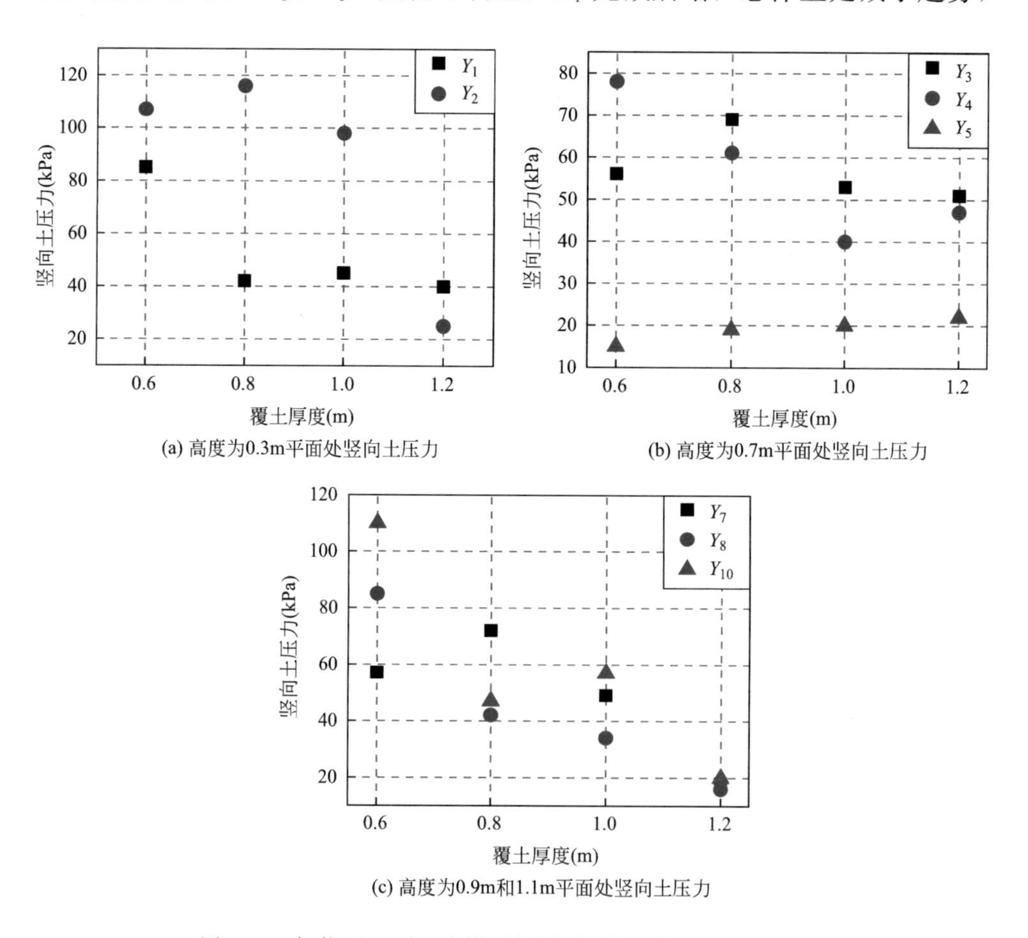

(a) 高度为0.3m平面处竖向土压力

(b) 高度为0.7m平面处竖向土压力

(c) 高度为0.9m和1.1m平面处竖向土压力

图3-10 加载至7t时四个模型相同测点的竖向土压力散点图

变化较明显，故加载至7t时高度为0.7m平面处竖向土压力（Y_4）对覆土厚度变化较敏感，且随覆土厚度增大数值减小，Y_3、Y_5 不敏感。从图3-10（c）可以看出，随着覆土厚度增大，高度为0.9m和1.1m平面处竖向土压力（Y_7、Y_8、Y_{10}）逐渐减小，变化明显，故加载至7t时高度为0.9m和1.1m平面处竖向土压力对覆土厚度变化较敏感，且数值明显减小。

鉴于以上分析，得出以下结论：加载至7t时，随着覆土厚度增大高度为0.3m、0.9m和1.1m平面处的竖向土压力明显减小，对覆土厚度变化较敏感，高度为0.7m平面处的竖向土压力 Y_4 减小，对覆土厚度变化敏感，Y_3、Y_5 变化不明显，对覆土厚度变化不敏感。

对比加载前和加载至7t时覆土厚度对土压力的影响，发现：加载前，覆土厚度增大使各测点土压力数值增大；加载至7t时，覆土厚度增大使各测点竖向土压力减小。

3.4　土拱效应分析

3.4.1　土拱结构传力机理

（1）跨中土体与两侧土体作用机理

土体下方开洞后，拱券正上方土体约束条件发生变化，由限制向下发生位移转变成自由向下发生位移，土中应力状态失去平衡，为了达到新的平衡需要土体通过产生微小不均匀位移达到重新分配应力的作用。跨中土体在自重应力和上部竖向荷载作用下向下发生位移，拱顶不均匀下挠，由于土体具有抗剪强度会抵抗跨中土体发生竖向位移，具体表现为土体滑动面上的摩阻力和土体内部的黏聚力抑制跨中土体移动，跨中土体中的部分荷载传递至两侧土体，使得两侧一定范围内土压力增大，如图3-11所示。

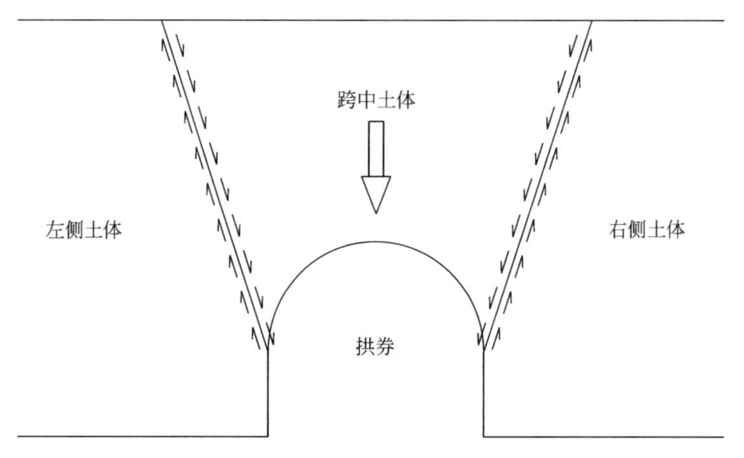

图 3-11 跨中土体与两侧土体作用机理

（2）土拱结构传力机理

通过分析可得，在拱券正上方一定高度范围内存在土拱效应区域，此区域的大主应力方向为向左下或右下倾斜，水平应力和竖向应力从跨中向两侧逐渐增加，即主应力倾斜角度由跨中向两侧逐渐增大。土拱结构在自重应力和上部荷载作用下的传力机理为：上部荷载和自重应力通过土拱效应区域上部的土体传递至土拱效应区域，由于此区域为二次抛物线拱形将发生结构拱的作用，荷载以拱轴向力的形式传递至拱券两侧土体，如图 3-12 所示。土拱

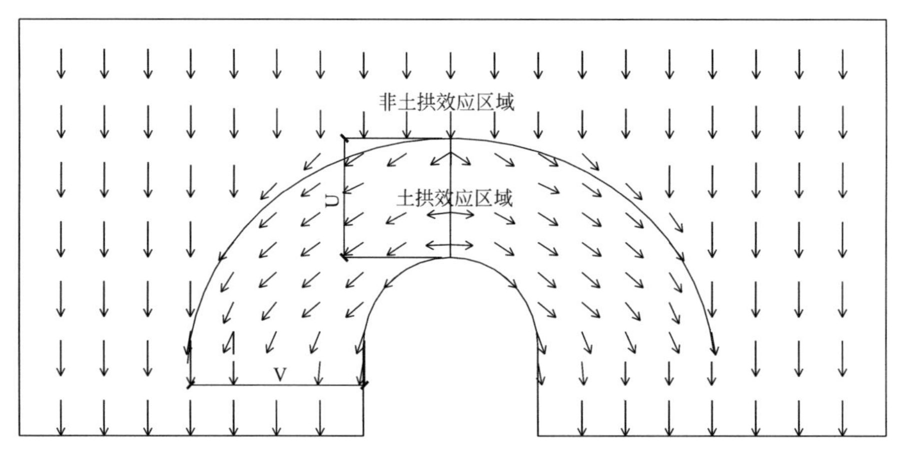

图 3-12 土拱结构传力机理

结构作用后的结果是：拱券上方一定高度范围内跨中竖向和水平应力减小，两侧应力增大，拱券两侧土体竖向应力和水平应力集中。

3.4.2　土拱效应变化规律

将测点土压力实测值与测点土压力计算值的比值定义为土拱率，通过对加载过程中拱券正上方各测点的土拱率进行分析，揭示加载过程中土拱效应的变化规律。

测点土压力计算值是拱券上部覆土的自重应力与上部竖向荷载在该测点产生的附加应力之和。在隧道工程领域，对于计算浅埋隧道顶部垂直土压力采用土柱法，即假设隧道不改变土体的初始应力状态，将其看作静力平面问题，位于距地面深度为 H 处的隧道顶部任一点的垂直土压力是其土柱的自重。本书中拱券上部覆土厚度比浅埋隧道埋深小很多，故上部覆土自重应力采用此方法计算较合理，土体中埋深为 H 时任意一点的自重应力计算如式(3-2)所示。

$$\sigma_z = \gamma H \tag{3-2}$$

式中：σ_z 为埋深为 H 时任意一点的自重应力；γ 为隧道上部土体重度。

目前土体的附加应力计算方法有两种：应力扩散角法和弹性理论解法（角点法），前者适用于土体压缩模量沿深度方向变化，上层土体坚硬，下层土体软弱的情况，后者假定土体为各向同性、均质、线性变形的半空间体，采用弹性力学公式求解，其适用范围更广，我国《建筑地基基础设计规范》GB 50007—2011 采用此方法计算相邻建筑基底荷载对在建建筑地基土产生的附加应力。本书中上部荷载产生的附加应力采用此方法计算，角点法计算矩形面荷载作用下土体内任意一点 M 的附加应力，具体做法是通过点 M 做几条辅助线，使点 M 成为几个小矩形的公共角点，M 点以下任意深度 H 的附加应力 σ_H(M) 就等于这几个小矩形在该深度引起的附加应力之和，其计算公式如式（3-3）所示。

$$\sigma_{\mathrm{H}}(\mathrm{M})=(\alpha_1+\alpha_2+\alpha_3+\alpha_4)p \tag{3-3}$$

式中：p 为矩形面积上的均布荷载；α_i 为第 i 个小矩形的角点附加应力系数（小矩形在面荷载范围之外取负值反之取正），分别根据 l_i/b_i 和 H/b_i（l_i、b_i 分别为第 i 个小矩形的长边和短边）查矩形面积上均布荷载作用下角点附加应力系数表得到。

（1）加载过程中 Tg-1 土拱率变化情况

分别取加载 0t、2t、4t、6t、8t、10t 时拱券正上方测点 Y_5、Y_8、Y_{10} 的土压力实测值，将其与理论计算值的比值作为土拱率计算值，通过对土拱率的变化进行分析，揭示加载对土拱效应的影响，测点 Y_5、Y_8、Y_{10} 土拱率计算值如表 3-4 所示，各测点土拱率随荷载的变化关系如图 3-13 所示。

Tg-1 测点 Y_5、Y_8、Y_{10} 土拱率计算值　　表 3-4

荷载(t)	实测值(kPa)			计算值(kPa)			土拱率		
	Y_5	Y_8	Y_{10}	Y_5	Y_8	Y_{10}	Y_5	Y_8	Y_{10}
0	1	7	3	9	6	2	0.11	1.17	1.50
2	3	32	36	26	28	29	0.12	1.14	1.24
4	5	52	63	41	50	57	0.12	1.04	1.11
6	8	76	90	57	73	84	0.14	1.04	1.07
8	13	85	110	73	95	112	0.18	0.89	0.98
10	15	115	139	88	117	139	0.17	0.98	1.00

由表 3-4 可知：加载至比例界限荷载附近时，Y_5 的土拱率为 0.17，比加载前增大了 55%，Y_8 的土拱率为 0.98，比加载前减小了 16%，Y_{10} 的土拱率为 1.00，比加载前减小了 33%。从图 3-13 可以看出：Y_5 的土拱率较小，随加载变化增加较小，土拱效应较强；在加载前 Y_8、Y_{10} 的土拱率均大于 1，未产生土拱效应，随荷载增加土拱率逐渐减小，加载至比例界限荷载时接近于 1；

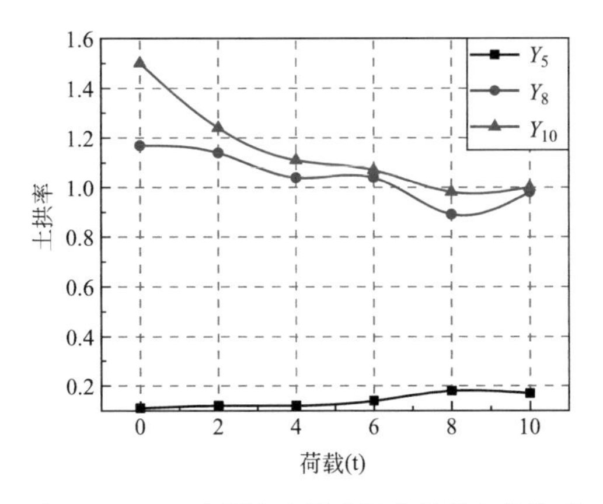

图 3-13 Tg-1 各测点土拱率随荷载的变化关系

整个加载工程中土拱率大小关系为 $Y_5<Y_8<Y_{10}$。以上数据及曲线表明：随土拱结构上部荷载增加，各测点土拱效应越强，即一定大小的荷载有利于土拱效应的发挥；测点 Y_8 对应的高度平面以上的土拱率大于1，不产生土拱效应；整个加载工程中由拱顶到加载面土拱率逐渐增大，则土拱效应逐渐减小。

（2）加载过程中 Tg-2 土拱率变化情况

分别取加载 0t、2t、4t、6t、8t 时拱券正上方测点 Y_5、Y_8、Y_{10} 的土压力实测值，将其与理论计算值的比值作为土拱率计算值，测点 Y_5、Y_8、Y_{10} 土拱率计算值如表 3-5 所示，各测点土拱率随荷载的变化关系如图 3-14 所示。

Tg-2 测点 Y_5、Y_8、Y_{10} 土拱率计算值 **表 3-5**

荷载(t)	实测值(kPa)			计算值(kPa)			土拱率		
	Y_5	Y_8	Y_{10}	Y_5	Y_8	Y_{10}	Y_5	Y_8	Y_{10}
0	2	5	3	12	9	5	0.17	0.56	0.60
2	6	10	14	23	25	28	0.26	0.40	0.50
4	16	20	25	35	40	50	0.46	0.50	0.50
6	17	39	40	47	56	73	0.36	0.70	0.55
8	20	44	50	59	72	95	0.34	0.61	0.53

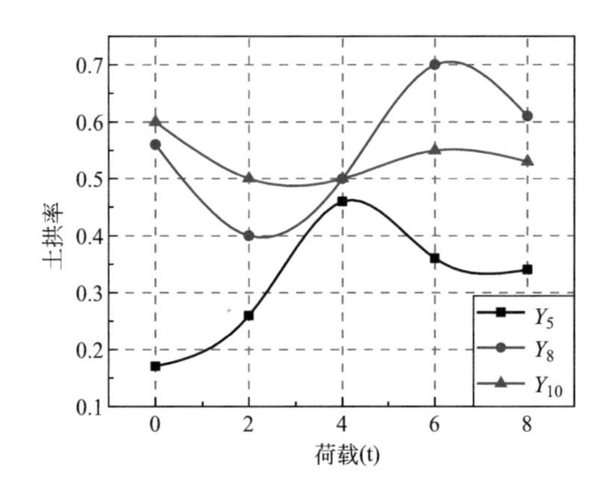

图 3-14　Tg-2 各测点土拱率随荷载的变化关系

由表 3-5 可知：加载至比例界限荷载附近时，Y_5 的土拱率为 0.34，比加载前增加了 1 倍，Y_8 的土拱率为 0.61，比加载前增加了 9%，Y_{10} 的土拱率为 0.53，比加载前减少了 12%。从图 3-14 可以看出：整个加载过程中 Y_5 的土拱率最小，土拱效应最强；Y_5、Y_8、Y_{10} 的土拱率虽然有增减波动，但数值均在 0.7 以下，即都产生了土拱效应；Y_{10} 的土拱率随荷载增加逐渐减小，土拱效应越强。以上数据及曲线表明：整个加载过程中测点 Y_{10} 对应的高度平面以下的土拱率小于 1，土拱效应较强；荷载增加对不同测点影响情况不同，对 Y_8 而言，荷载增加不大时有利于土拱效应的发挥，增加较大时，却相反。

(3) 加载过程中 Tg-3 土拱率变化情况

分别取加载 0t、2t、4t、6t、8t、10t 时拱券正上方测点 Y_5、Y_8、Y_{10}、Y_{11} 的土压力实测值，将其与理论计算值的比值作为土拱率计算值，测点 Y_5、Y_8、Y_{10}、Y_{11} 土拱率计算值如表 3-6 所示，各测点土拱率随荷载的变化关系如图 3-15 所示。

由表 3-6 可知：加载至比例界限荷载附近时，Y_5 的土拱率为 0.42，比加载前减少了 33%，Y_8 的土拱率为 0.64，比加载前减少了 25%，Y_{10} 的土拱率为 0.87，比加载前增加了 12%，Y_{11} 的土拱率为 0.98，比加载前减少了 18%。

Tg-3 测点 Y_5、Y_8、Y_{10}、Y_{11} 土拱率计算值 表 3-6

荷载(t)	实测值(kPa)				计算值(kPa)				土拱率			
	Y_5	Y_8	Y_{10}	Y_{11}	Y_5	Y_8	Y_{10}	Y_{11}	Y_5	Y_8	Y_{10}	Y_{11}
0	10	11	7	6	16	13	9	5	0.63	0.85	0.78	1.20
2	15	18	18	49	25	24	25	28	0.60	0.75	0.72	1.75
4	19	24	27	74	33	36	41	50	0.58	0.67	0.66	1.48
6	20	32	41	92	46	47	56	73	0.43	0.68	0.73	1.26
8	22	34	60	106	49	59	72	95	0.45	0.58	0.83	1.12
10	24	45	76	114	57	70	87	116	0.42	0.64	0.87	0.98

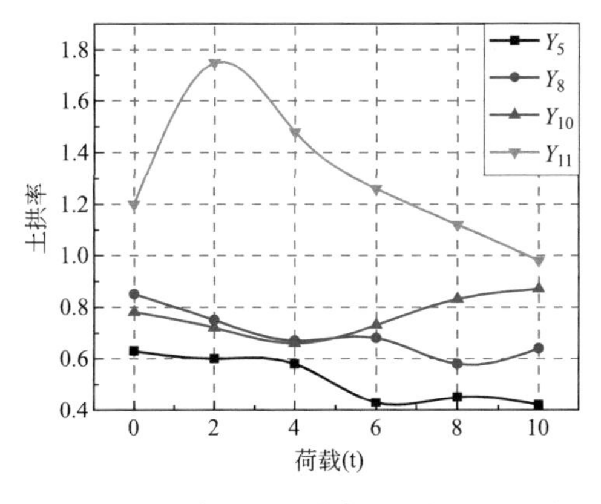

图 3-15 Tg-3 各测点土拱率随荷载的变化关系

从图 3-15 可以看出：整个加载过程中 Y_5 的土拱率最小，土拱效应最强；Y_5、Y_8 的土拱率随荷载增加逐渐减小，土拱效应越强；Y_{11} 的土拱率在 0.7～0.9 上下浮动，存在土拱效应；Y_{11} 的土拱率始终大于 1，不产生土拱效应。以上数据及曲线表明：整个加载过程中由拱顶到加载面土拱效应递减；Y_5、Y_8 的土拱效应随荷载增加越强；整个加载过程中测点 Y_{10} 对应的高度平面以下的土拱率小于 1，土拱效应较强；荷载增加对不同测点影响情况不同，对 Y_{10} 而言，荷载增加不大时有利于土拱效应的发挥，增加较大时，却相反；埋深较浅时不产生土拱效应，原因是上部位移过大，土体被切割导致破坏面分离失去摩擦力。

(4) 加载过程中 Tg-4 土拱率变化情况

分别取加载 0t、2t、4t、6t、8t、10t、12t 时拱券正上方测点 Y_5、Y_8、Y_{10}、Y_{12}、Y_{13} 的土压力实测值，将其与理论计算值的比值作为土拱率计算值，测点 Y_5、Y_8、Y_{10}、Y_{12}、Y_{13} 土拱率计算值如表 3-7 所示，各测点土拱率随荷载的变化关系如图 3-16 所示。

Tg-4 测点 Y_5、Y_8、Y_{10}、Y_{12}、Y_{13} 土拱率计算值 **表 3-7**

荷载(t)	实测值(kPa)					计算值(kPa)					土拱率				
	Y_5	Y_8	Y_{10}	Y_{12}	Y_{13}	Y_5	Y_8	Y_{10}	Y_{12}	Y_{13}	Y_5	Y_8	Y_{10}	Y_{12}	Y_{13}
0	13	11	10	8	6	21	17	13	10	6	0.62	0.65	0.77	0.80	1.00
2	14	12	12	19	33	27	25	25	25	28	0.52	0.48	0.48	0.76	1.18
4	14	12	15	35	67	33	33	36	41	51	0.42	0.36	0.42	0.85	1.31
6	15	14	18	47	85	39	42	48	57	73	0.38	0.33	0.38	0.82	1.16
8	15	16	22	71	111	45	50	59	73	95	0.33	0.32	0.37	0.97	1.17
10	18	28	36	100	130	51	58	71	88	117	0.35	0.48	0.51	1.14	1.11
12	22	36	55	117	144	57	66	82	104	139	0.39	0.55	0.67	1.13	1.04

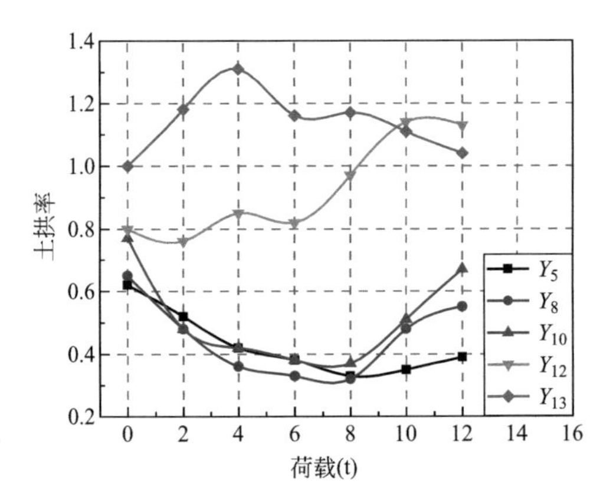

图 3-16 Tg-4 各测点土拱率随荷载的变化关系

从表3-7可知：加载至比例界限荷载时，Y_5 的土拱率为0.39，比加载前减少了37%，Y_8 的土拱率为0.55，比加载前减少了15%，Y_{10} 的土拱率为0.67，比加载前减小了13%，Y_{12} 的土拱率为1.13，比加载前增加了41%，Y_{13} 的土拱率为1.04，比加载前增加了4%。从图3-16可以看出：整个加载过程中 Y_5、Y_8、Y_{10} 的土拱率较小，土拱效应较强；加载0～8t时，Y_5、Y_8、Y_{10} 的土拱率随荷载增加逐渐减小，土拱效应越强，加载8～12t时，土拱率随荷载增加逐渐增大，土拱效应越弱；Y_{12} 的土拱率随荷载增加逐渐增大，加载至8t时土拱效应消失；Y_{13} 的土拱率始终大于1，不产生土拱效应。以上数据及曲线表明：整个加载过程中由拱顶到加载面土拱效应递减；测点 Y_{12} 对应的高度平面以下的土拱率小于1，存在土拱效应；荷载增加对不同测点影响情况不同，对 Y_5、Y_8、Y_{10} 而言，荷载增加不大时有利于土拱效应的发挥，增加较大时，却相反；埋深较浅时不产生土拱效应，原因同Tg-3。

从以上四个模型土拱效应变化规律分析可知：拱顶附近的土拱效应最强，从拱顶到加载面土拱效应逐渐减弱，甚至到一定高度时消失，故埋深较浅处不产生土拱效应；埋深0.3m以下存在土拱效应，其中距拱顶0.3m范围内土拱效应最强，且随荷载增大逐渐增强，其原因是荷载增大使靠近拱券部分土体产生微小的不均匀位移，使土拱效应充分发挥；荷载较小时有利于加载面以下0.3～0.5m处的土拱效应的发挥，荷载过大则相反。

3.4.3 覆土厚度对土拱效应的影响

根据相同测点在不同覆土厚度模型中的土拱率（Y_5、Y_8、Y_{10}）数值，分别对加载前及加载至7t时各测点土拱率随覆土厚度的变化关系进行分析，揭示加载前及加载至7t时覆土厚度对土拱效应的影响，加载前各测点土拱率随覆土厚度的变化关系如图3-17所示，加载至7t时各测点土拱率随覆土厚度的变化关系如图3-18所示。

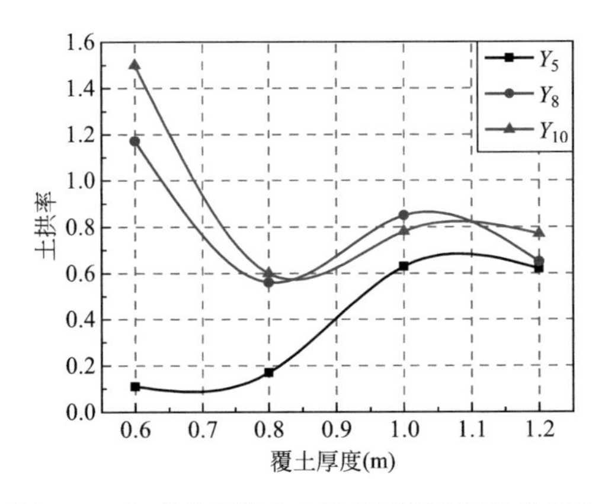

图 3-17　加载前各测点土拱率随覆土厚度的变化

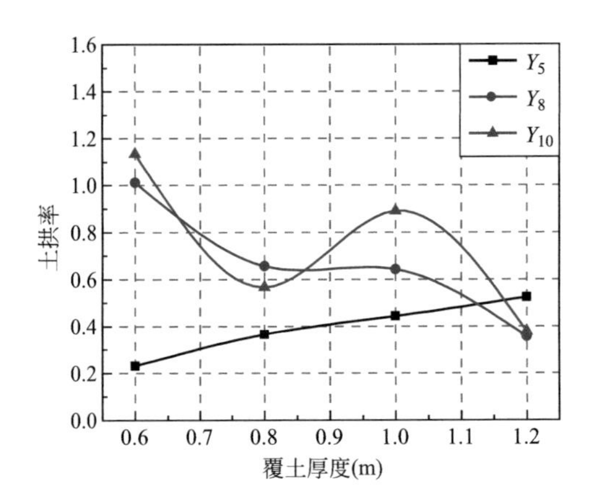

图 3-18　加载至 7t 时各测点土拱率随覆土厚度的变化

从图 3-17 可以看出：覆土厚度为 1.2m 时，Y_5 的土拱率为 0.6，比覆土厚度为 0.6m 时增大了 5 倍，测点 Y_5 的土拱率随覆土厚度增加逐渐增大，土拱效应逐渐减弱，其原因是加载前覆土厚度增加，拱券附近土体产生的不均匀位移减小，土拱效应发挥不充分；覆土厚度为 0.6m 时，Y_8、Y_{10} 的土拱率大于 1，覆土厚度为 0.8m 时，土拱率迅速减小至 0.6 附近，并随覆土厚度继续增加上下浮动较小，且始终小于 1，故覆土厚度增加有利于 Y_8、Y_{10} 的土拱效应发挥，即加载前覆土厚度增大对距拱顶 0.3～0.5m 高度范围的土拱效应有利。

从图 3-18 可以看出：覆土厚度为 1.2m 时，Y_5 的土拱率为 0.46，比覆土厚度为 0.6m 时增大了 1.1 倍，测点 Y_5 的土拱率随覆土厚度增加持续增大，土拱效应减弱，其原因也是覆土厚度增加，使拱券附近土体产生的不均匀位移减小，土拱效应发挥不充分；覆土厚度为 1.2m 时，Y_8 的土拱率为 0.38，比覆土厚度为 0.6m 时减小 62%，测点 Y_8 的土拱率随覆土厚度增加逐渐减小，土拱效应越强；覆土厚度为 0.8m 时，Y_{10} 的土拱率迅速减小至 0.6 附近，覆土厚度为 1.0m 时，Y_{10} 土拱率增大至 0.9 附近，覆土厚度为 1.2m 时，Y_{10} 土拱率迅速减小至 0.4 附近，且始终小于 1，且总体减小，则测点 Y_{10} 随覆土厚度增加土拱效应越强。覆土厚度增大有利于 Y_8、Y_{10} 的土拱效应发挥，即加载至 7t 时覆土厚度增大有利于距拱顶 0.3～0.5m 高度范围的土拱效应发挥。

对比加载前和加载至 7t 时覆土厚度对选定测点土拱效应的影响，得出结论：拱顶附近的土拱效应随覆土厚度增加逐渐减弱，距拱顶 0.3～0.5m 高度范围的土拱效应随覆土厚度增加逐渐增强。

第 4 章
土拱静力特性有限元分析

本章采用 Abaqus 软件对土拱结构模型进行静力弹塑性有限元分析，获得其在竖向静力荷载作用下的静力特性，并依据数值计算结果进行土拱效应区域分析以及变参数建模分析。

4.1 软件概述

Abaqus 是国际最先进的大型商用有限元计算软件之一，在非线性分析方面表现非常出色，它的（材料、几何、边界条件）非线性分析功能具有世界领先水平，受到众多知名企业、高校和科研机构的青睐，在土木工程、机械制造、石油化工、航空航天、汽车交通、生物医学等工业领域得到广泛的应用。

Abaqus 是一套功能强大的有限元模拟软件，对于工程中的各种线性和非线性问题，其都能提供合理的解决方案。Abaqus 拥有丰富的单元库，可以模拟任意几何形状；也具有丰富的材料模型库，可以模拟包括土壤、岩石、金属、橡胶、高分子材料、复合材料和混凝土等在内的大多数典型工程材料的性能。作为大型通用的有限元模拟工具，Abaqus 不仅能解决大量结构（应力/位移）问题，还可以解决其他工程领域的许多问题，如热传导、质量扩散、热电耦合分析、声学分析、岩土力学分析（流体渗透/应力耦合分析）及压电介质分析等。在非线性分析方面，Abaqus 具有良好的适用性和收敛性，不仅能够自动选择合适的时间增量和收敛准则，在数值计算中还能不断地调整这些参数，以获得精确的解答。

Abaqus 提供了岩土工程分析中常用的本构模型，包括弹性模型、非线性弹性模型、Mohr-Coulomb 模型和修正的 Drucker-Prager 模型等。其中 Mohr-Coulomb 模型主要适用于单调荷载下以颗粒结构为特征的材料，如土壤，它与率变化无关。文献［37］和文献［60］采用 Mohr-Coulomb 模型对土体结构进行了数值模拟，计算结果与试验结果较符合，说明采用 Mohr-Coulomb 模型对土拱结构进行数值模拟是可行的，能够获得具有一定精度的结果，故本书采用 Mohr-Coulomb 模型进行有限元模拟。

4.2　建立土拱结构模型

Abaqus 中有 Abaqus/Standard 和 Abaqus/Explicit 两个分析模块，其中 Abaqus/ Standard 为通用分析模块，可以解决广泛线性和非线性问题；Abaqus/Explicit 用于求解瞬时的动态问题以及高度非线性问题。由于土拱结构模型试验采用静力加载的方式，故采用 Abaqus/Standard 模块进行数值计算，根据试验结果验证有限元模型数值计算的有效性。

4.2.1　建立部件

基于土拱结构静载试验建立数值计算模型，数值计算模型参数依据土拱结构模型静载试验选取，各尺寸参数均保持与试验模型一致。基于试验模型的尺寸，选用 m、N、kg、s 国际单位制，如表 4-1 所示。

数值计算模型参数采用的单位制 **表 4-1**

单位	长度	力	质量	时间	压力	能量	密度	加速度
SI	m	N	kg	s	Pa	J	kg/m^3	m/s^2

数值计算模型由土拱结构和加载板两个部件组成，土拱结构部件采用三维可变形实体建立，如图 4-1 所示；由于加载板为钢板，钢材的弹性模量远大于土体材料的弹性模量，因此本书将钢板视为刚体，采用三维离散刚体壳体建立，如图 4-2 所示。

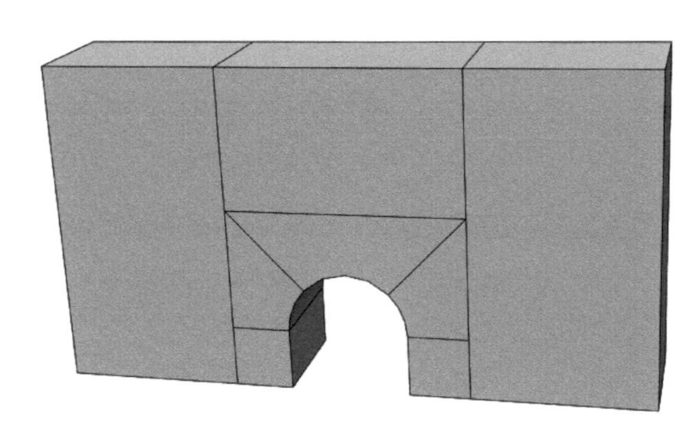

图 4-1　土拱结构部件

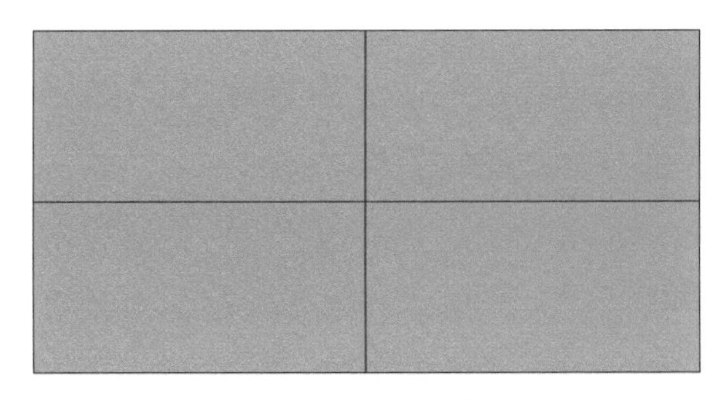

图 4-2　加载板部件

4.2.2　定义材料属性

土体材料是岩石风化后经过搬运作用堆积而成的散体颗粒集合，其受拉屈服强度远小于受压屈服强度，在受剪时会发生膨胀。在土体漫长的形成过程中，经历风化、搬运、沉积、固结等作用时受到各种不确定因素影响，使得土体的本构关系变得十分复杂。目前岩土工程数值分析中广泛采用的两种本构关系是非线性弹性本构关系和弹塑性本构关系。由于非线性弹性本构模型的材料屈服后，其变形规律的描述不符合塑性流动法则，因此这种本构关系不能准确反映土体屈服后的应力应变特征。因此本书数值计算采用弹塑性本构关系进行数值计算，即采用 Mohr-Coulomb 模型，本书对 Mohr-Coulomb 屈服准则进行如下介绍。

在 Abaqus 中 Mohr-Coulomb 屈服准则有如下特点：在应力空间中存在弹性区、塑性区以及前二者的分界面；材料各向同性；屈服条件取决于静水压力的大小，静水压力越大，材料抗剪强度越高；材料在硬化或软化时各向同性；非弹性变形一般伴随体积变形，流动法制可以考虑剪张行为；塑性势为光滑曲面，并且是非关联的；不考虑材料行为；模型中假定由黏聚力确定材料硬化，且硬化是各向同性的。

作用在某点的剪应力大于或等于该点的抗剪强度时，该点发生剪切破坏，抗剪强度与作用在剪切面上的法向应力呈线性关系。Mohr-Coulomb 屈服准则是基于材料破坏时的应力状态提出的，Mohr-Coulomb 屈服函数如式（4-1）所示。

$$f = R_{nc}k - \sigma\tan\varphi - c = 0 \tag{4-1}$$

式中：R_{nc} 为 π 平面上屈服面形状的函数，如式（4-2）所示；σ 为土体破坏面处的法向应力，c、φ 分别为土体材料的黏聚力和内摩擦角。

$$R_{nc}k = \tau \tag{4-2a}$$

$$R_{nc}=\frac{1}{\sqrt{3}\cos\theta}\sin\left(\theta+\frac{\pi}{3}\right)+\frac{1}{3}\cos\left(\theta+\frac{\pi}{3}\right)\tan\varphi \tag{4-2b}$$

式中：τ 为土体材料抗剪强度；θ 为极偏角，定义为 $\cos(3\theta)=\frac{r^3}{k^3}$，其中 r 为第三偏应力不变量 J_3。

目前数值分析中土体弹性模量主要取值方法有两种：（1）按弹性理论推导的弹性模量与压缩模量的关系 $E=E_s$［$1-2\mu^2/(1-\mu)$］，μ 为泊松比；（2）根据经验取 $E=(2\sim5)E_s$，反复试算确定弹性模量。两种方法的优缺点：前者可以很容易地计算出弹性模量，但与实际情况相差较大；后者需要试算多次才能找到所需的弹性模量，但与实际情况相符合。鉴于以上二者的优缺点，本书采用第二种方法确定数值分析所需的弹性模量，四组数值模型的 Mohr-Coulomb 参数如表 4-2 所示。

四组数值模型的 Mohr-Coulomb 参数 **表 4-2**

模型	密度 ρ(kg/m^3)	弹性模量 E(MPa)	泊松比 μ	内摩擦角 φ	黏聚力 c(kPa)	剪胀角
Tg-1	1980	22.0	0.3	24°	52.0	0
Tg-2	1770	18.0	0.3	26°	51.2	0
Tg-3	1820	18.5	0.3	26°	53.1	0
Tg-4	1900	20.0	0.3	25°	57.5	0

4.2.3 单元类型选取及网格划分

土体采用 C3D8R 单元，即沙漏控制的八节点线性六面体减缩积分三维应力单元；加载板采用 R3D4 单元，即四节点三维双线性四边形离散刚体单元。经计算比较，在网格尺寸为 0.05m 时，采用线性单元和二次单元得出的计算结果差别不明显，由于本书模型采用的网格尺寸较小，导致模型所含单元数量较大，为保证计算速度，故选用线性单元。

加载板和土拱结构模型采用全局尺寸为0.05m划分网格，其中加载板采用四边形网格，土拱结构模型采用六面体网格。为了得到拱券附近单元更精确的计算结果，本书在拱券区域0.3m范围内进行加密处理。土拱结构模型及加载板网格划分情况如图4-3所示。

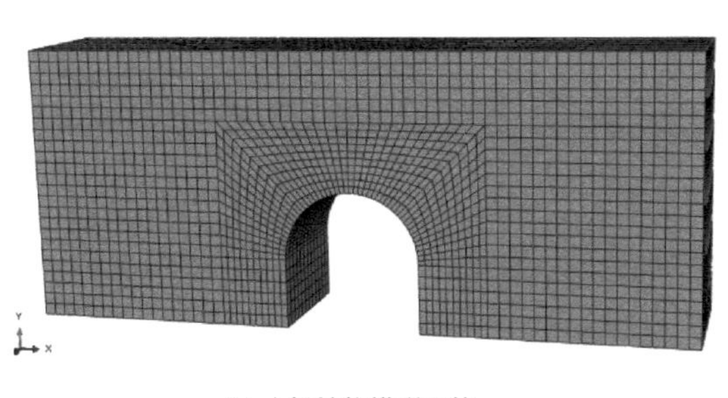

(a) 土拱结构模型网格

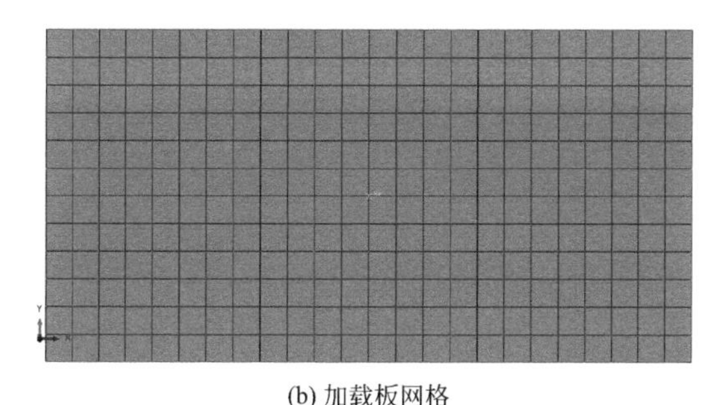

(b) 加载板网格

图4-3　土拱结构模型及加载板网格划分

4.2.4　边界条件及荷载

在施加边界条件和荷载之前需要定义分析步和相互作用，本书定义了地应力平衡分析步和加载分析步两个分析步，前者模拟土体在初始自重应力下产生的应力场，后者模拟加载过程。本书将土拱结构模型与加载板的相互作用定义为绑定，即加载板与土体不产生相对位移。

室内试验模型底部设置钢板限制其竖向平动位移，左右侧面设置高为

20cm的挡板限制其左右平移，前后表面设置钢化玻璃限制其前后平移。根据室内试验边界条件，本书将模型底部边界条件设置为 X、Y、Z 三方向平动位移为零，模型左右两侧面不设置约束，模型立面设置为沿进深方向的平动位移为零。

室内试验加载方案采取位移控制的逐级加载，由试验结果可知加载至30mm时土拱结构模型被破坏，故本书数值模拟的加载方法为：为观察30mm以后的计算结果，设置位移大小为50mm，将其施加于加载板参考点上，加载板随参考点运动。

4.3 数值计算结果与试验结果对比分析

本节通过室内试验得出的承载力-位移曲线、测点竖向土压力和券内位移与数值计算得出的承载力-位移曲线、对应测点竖向土压力和券内位移进行对比，验证有限元模型的有效性。

4.3.1 承载力-位移曲线

图4-4所示为四个模型承载力-位移曲线的试验结果与数值计算结果的对比，同时表4-3和表4-4分别给出了四个模型比例界限荷载及对应的位移和极限荷载及对应的位移试验值与计算值的对比。由图4-4、表4-3及表4-4可知，四个模型的承载力-位移曲线的试验结果和计算结果吻合较好。

由图4-4可以看出，在土体弹性压缩阶段计算值均大于试验值，但在土体压缩稳定到峰值点之间计算值小于试验值，模型破坏阶段计算值无下降段。出现上述现象的原因主要有三点：一是Abaqus中Mohr-Coulomb模型假定土体是均质且各向同性，这与实际的土体沿埋深越深密实度越大不符，即压缩前期达到相同的位移增量所需荷载小，压缩后期达到相同的位移增量所需荷载大；二是 Abaqus 中土体变形是连续的不会产生裂缝，这与实际模型开裂后土体相互楔合产生机械咬合力使承载力提高不符；三是 Abaqus 中 Mohr-Coulomb 模型土体连续变形不会出现脆性破坏，不能模拟出土拱结构破坏后承载力突然下降的现象，即达到极限荷载后承载力随位移增大保持不变。

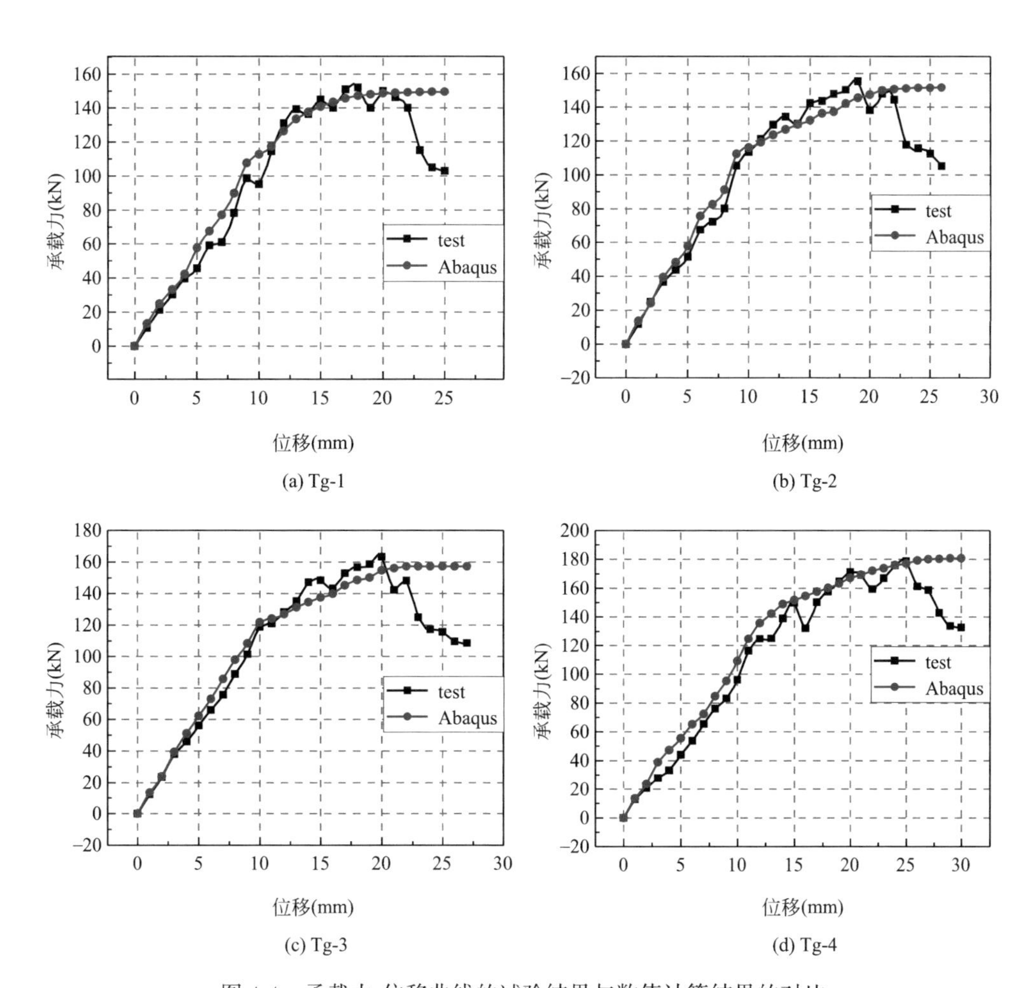

图 4-4　承载力-位移曲线的试验结果与数值计算结果的对比

比例界限荷载及对应的位移试验值与计算值　　表 4-3

模型	P_E (kN)	P_{E0} (kN)	荷载误差	Y_E (mm)	Y_{E0} (mm)	位移误差
Tg-1	98.6	107.6	9.1%	9.0	9.0	0
Tg-2	105.3	91.1	13.5%	9.0	8.0	11.1%
Tg-3	121.0	121.7	0.6%	11.0	10.0	9.1%
Tg-4	124.7	124.9	0.16%	12.0	11.0	8.3%

注：P_E、Y_E 分别为比例界限荷载试验值、位移试验值，P_{E0}、Y_{E0} 分别为比例界限荷载计算值、位移计算值，误差 $= \frac{|计算值-试验值|}{试验值} \times 100\%$。

极限荷载及对应的位移试验值与计算值　　表 4-4

模型	P_μ (kN)	$P_{\mu0}$ (kN)	荷载误差	Y_μ (mm)	$Y_{\mu0}$ (mm)	位移误差
Tg-1	152.1	149.7	1.6%	18.0	19.0	5.6%
Tg-2	155.3	151.4	2.5%	19.0	23.0	21.1%
Tg-3	163.2	156.4	4.2%	22.0	23.0	4.5%
Tg-4	178.9	180.7	1.0%	25.0	27.0	8.0%

注：P_μ、Y_μ 分别为极限荷载试验值、位移试验值，$P_{\mu0}$、$Y_{\mu0}$ 分别为极限荷载计算值、位移计算值，误差 $= \frac{|计算值-试验值|}{试验值} \times 100\%$。

4.3.2 竖向土压力

图 4-5 所示为四个模型在加载至比例界限荷载时选定测点的竖向土压力试验值与计算值的对比，同时，表 4-5 给出了四个模型在加载至比例界限荷载时各测点的竖向土压力具体数值的试验值与计算值的对比。由图 4-5 及表 4-5 可知，四个模型的竖向土压力分布规律及数值的试验结果和计算结果吻合较好。

由图 4-5 及表 4-5 可知，四个模型在高度为 0.3m 平面处的土压力试验结果和计算结果均呈现出由两侧向跨中递增的规律，在高度为 0.7m、0.9m 平面处加载范围内的土压力试验结果和计算结果均呈“V”字形的分布规律；在高度为0.7m平面处加载范围外的土压力试验结果和计算结果分布规律相反，原因是数值模拟中单元之间会发生连续变形，而试验中土体脆性破坏后会出现机械咬合作用，导致试验中的土拱作用区域将略大于数值模拟，故“V”字形的分布规律区域更广。

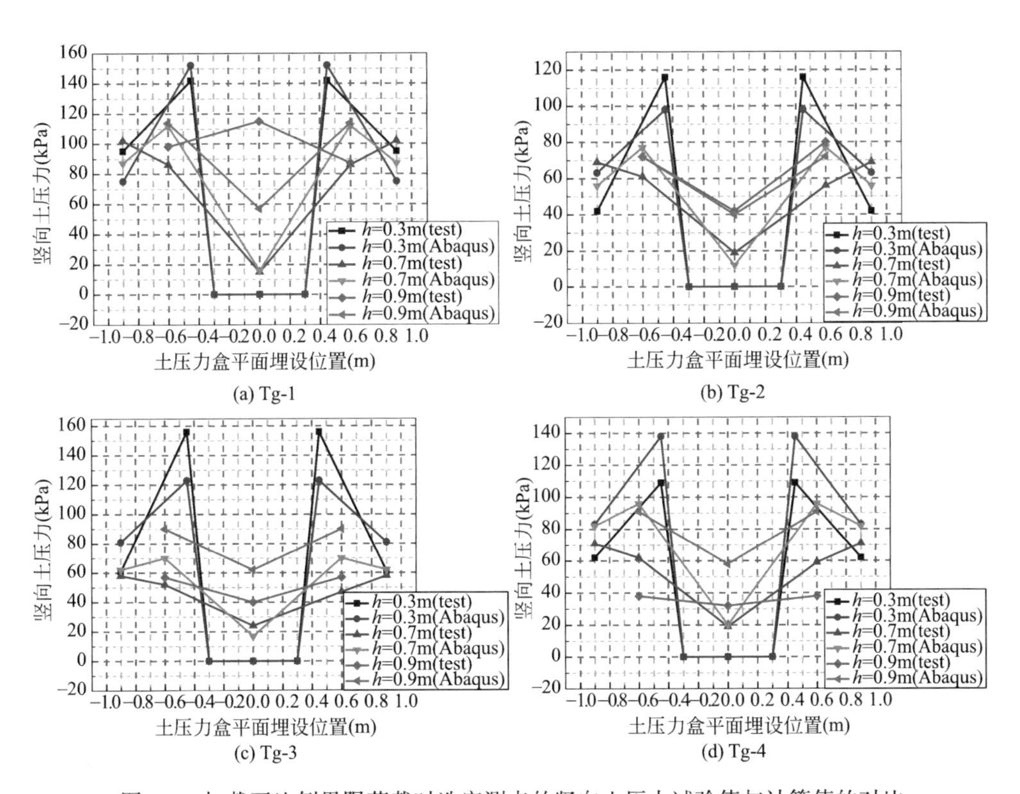

图4-5 加载至比例界限荷载时选定测点的竖向土压力试验值与计算值的对比

加载至比例界限荷载时各测点的竖向土压力具体数值的试验值与计算值的对比 **表4-5**

模型	Y_1/Y_{01}	Y_2/Y_{02}	Y_3/Y_{03}	Y_4/Y_{04}	Y_5/Y_{05}	Y_7/Y_{07}	Y_8/Y_{08}
Tg-1	95/75	142/152	102/87	86/112	15/16	98/114	115/57
Tg-2	42/63	116/98	69/56	61/77	19/12	72/72	42/40

续表

模型	Y_1/Y_{01}	Y_2/Y_{02}	Y_3/Y_{03}	Y_4/Y_{04}	Y_5/Y_{05}	Y_7/Y_{07}	Y_8/Y_{08}
Tg-3	61/81	156/123	58/62	52/70	24/17	57/90	40/62
Tg-4	62/83	109/138	71/82	62/96	19/20	38/91	32/58

注：Y_i、Y_{0i} 分别为竖向土压力试验值和计算值。

4.3.3 拱券变形

表 4-6 所示为四个模型在加载至比例界限荷载时券内测点的位移具体数值的试验值与计算值的对比。由表 4-6 可知，四个模型的券内测点的位移值试验结果和计算结果吻合较好。数值计算值与试验值相比普遍偏大，其原因是数值模拟中单元之间会发生连续变形，这与试验中土体脆性破坏、变形不连续不符。

加载至比例界限荷载时券内测点的位移具体数值的试验值与计算值的对比　　表 4-6

模型	$\overline{V_1}$ (mm)		$\overline{V_2}$ (mm)		V_c /mm		$\overline{V_4}$ (mm)		$\overline{V_5}$ (mm)	
	$\overline{V_1}$	$\overline{V_{01}}$	$\overline{V_2}$	$\overline{V_{02}}$	V_c	V_{0c}	$\overline{V_4}$	$\overline{V_{04}}$	$\overline{V_5}$	$\overline{V_{05}}$
Tg-1	0.55	0.81	0.09	−0.24	3.44	4.8	0.36	0.81	−0.2	−0.24
Tg-2	0.75	0.98	−0.03	−0.16	4.75	6.72	0.56	0.98	−0.55	−0.16
Tg-3	1.02	1.56	−0.52	−0.48	3.42	5.9	1.11	1.56	−0.63	−0.48
Tg-4	0.36	0.52	−0.03	−0.07	1.14	3.8	0.32	0.52	−0.02	−0.07

注：$\overline{V_i}$、$\overline{V_{0i}}$ 分别为券内位移试验值和计算值。

本书应用 Abaqus 有限元软件建立数值计算模型，通过承载力-位移曲线、竖向土压力和券内位移的试验结果与计算结果进行对比分析，结果表明：土拱结构模型静力加载试验结果与数值计算结果吻合较好，采用此方法模拟土拱结构模型静力加载是可行的，故本书建立的数值模型有效。

4.4　土拱结构静力特性分析

由于本书四个有限元模型的计算结果云图相近，仅数值大小不同，所以选取其中任意一个模型进行云图分析即可，故本节选取覆土厚度大小适中的数值模型 Tg-3 进行分析。分析其应力、变形云图，揭示土拱结构在静力荷载下的应力分布及变形情况，以及结合四个模型的竖向土压力与水平土压力计算结果进行土拱区域分析，以探索土拱结构拱效应区域。

4.4.1　应力分析

图 4-6 所示为数值模型 Tg-3 在加载至比例界限荷载时的米泽斯应力分布云图。从图 4-7 中可以看出，加载区域应力云图形成了一个以拱券为蝶身两侧土体为蝶翼的“蝴蝶”形分布，其中蝶翼部分应力较大，蝶翼前端和蝶翼根部应力最大，均显示为深灰色，蝶翼前端和蝶翼根部之间区域应力较大，显示为浅灰色，加载区域以外及左右蝶翼之间区域应力最小，显示为浅灰色、

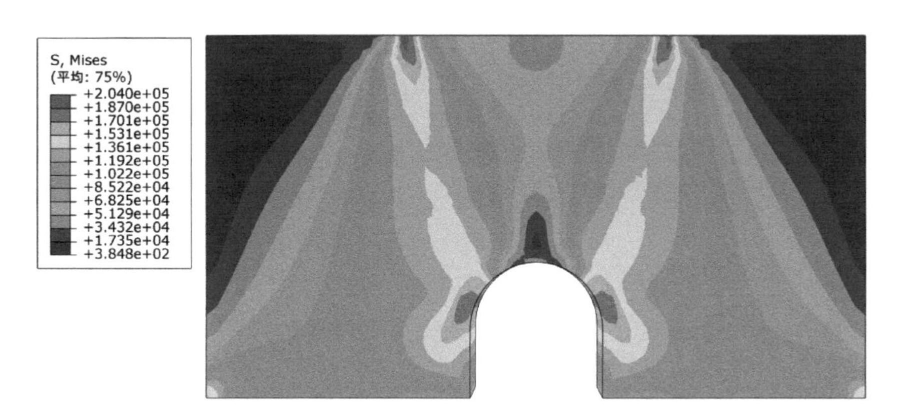

图 4-6　加载至比例界限荷载时的米泽斯应力分布云图

灰色和浅灰色。由此可知，加载板两端和拱脚应力集中最明显，破坏时处于优先破坏部位，二者之间区域应力集中次之，破坏时为土体滑动面，这和试验过程中模型破坏时的特征一致；加载区域外应力较小，尤其在模型肩部应力最小，这表明两侧土体长度满足边界条件的要求；跨中应力小，两侧应力大，表明土拱卸载作用明显。

4.4.2 变形分析

图 4-7 所示为加载至比例界限荷载时的竖向应变云图。从图 4-7 中可以看出，竖向应变分布规律与米泽斯应力分布规律相似，应变由加载区向两侧逐渐减小，加载区域内均为压应变，且数值较大，其中加载板两端和拱脚处应变最大，跨中区域距拱顶 0.55m 高度范围内压应变最小；模型肩部压应变较小，在角部甚至出现很小的拉应变，故左右肩角处受拉。由图 4-7 可知，在应变云谱两种不同颜色相交处数值变化较大处土体将产生裂缝，这与试验中出现斜向裂缝的现象保持一致。

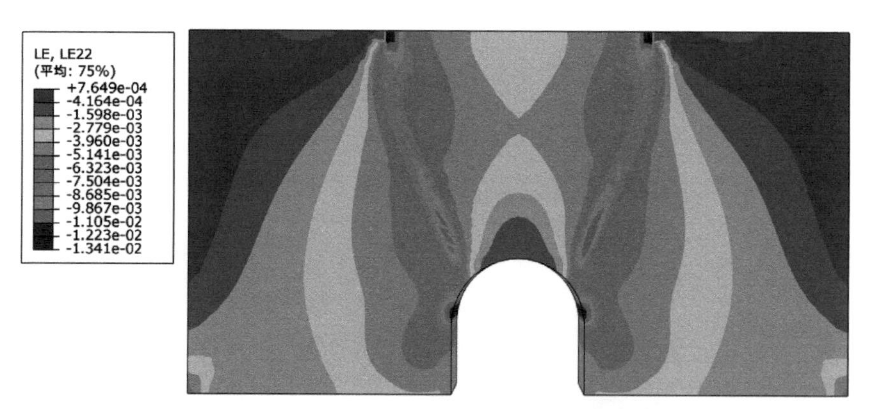

图 4-7　加载至比例界限荷载时的竖向应变云图

图 4-8 所示为加载至破坏时最大主应变云图。从图 4-8 中可以看出，加载板两端与拱脚之间形成一条应变带，数值由两端向中间逐渐减小，此应变带

为模型最大应变处，故为模型破坏时的滑动面，滑动面将土体分为跨中土体和两侧土体两个区域。

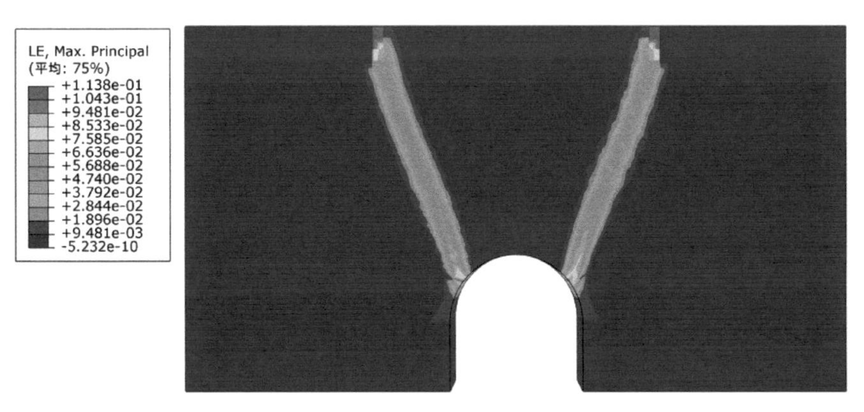

图 4-8　加载至破坏时最大主应变云图

图 4-9 所示为加载至比例界限荷载时竖向位移云图。从图 4-9 中可以看出，整个模型的变形是以加载区的沉陷变形为主，加载区以外为竖向压缩变形；竖向位移的分布规律为：在水平向由跨中向两侧逐渐减小，在竖向由模型顶部向拱顶逐渐减小，最终形成“U”字形分布。结合图 4-7 和图 4-8 可知，土拱结构模型受竖向均布荷载作用时，以跨中土体沉陷变形为主，以模型立面土体开裂为辅，最终破坏为跨中土体塌陷。

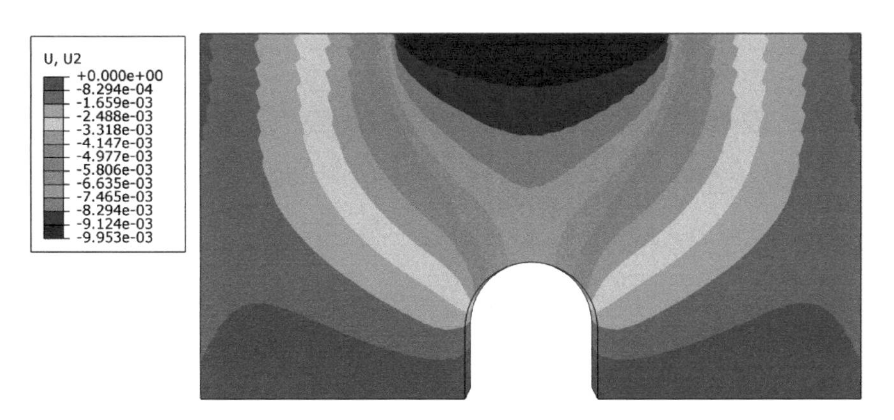

图 4-9　加载至比例界限荷载时竖向位移云图

4.5 土拱结构敏感性分析

本节通过改变土拱结构模型的几何参数进行有限元建模计算，揭示矢跨比、侧墙及土拱跨数变化对土拱结构模型的承载力和破坏形态的影响。

4.5.1 矢跨比对土拱结构的影响

当跨度为 0.6m，侧墙高度为 0.3m，覆土厚度为 1.0m 时，材性参数及加载制度与 Tg-3 保持一致，选取土拱结构模型的拱券矢高为 0.24m、0.3m 和 0.4m，即对应的矢跨比为 0.4、0.5 和 0.66，进行有限元建模计算，特征值计算结果如表 4-7 及图 4-10 所示。

不同矢跨比的土拱结构特征值　　表 4-7

特征值	矢跨比		
	0.4	0.5	0.66
极限荷载(kN)	157.3	156.4	153.7
对应位移(mm)	23	23	26

由表 4-7 可知，矢跨比越大承载力越低，位移越大，但三个矢跨比对应的模型承载力在数值上相差并不大，故矢跨比对土拱结构承载力的影响不显著，在相同覆土厚度情况下，矢跨比越小承载力越高，拱顶下挠越小。

由图 4-10 可知，加载至极限荷载时不同矢跨比的土拱结构模型的米泽斯应力云图相似，即发生应力集中的位置相同，破坏形态相同；达到结构极限荷载时三个模型的破坏程度不同，随矢跨比增大，拱脚处应力集中的面积增大，即破坏时拱脚处土体剥落的面积更大，破坏更严重。

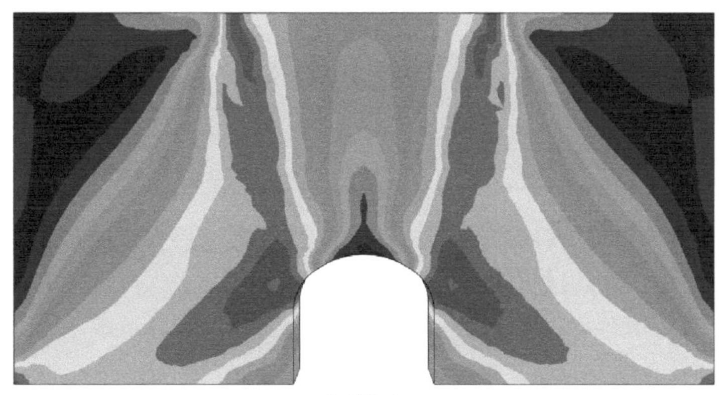

(a) 矢跨比为0.4

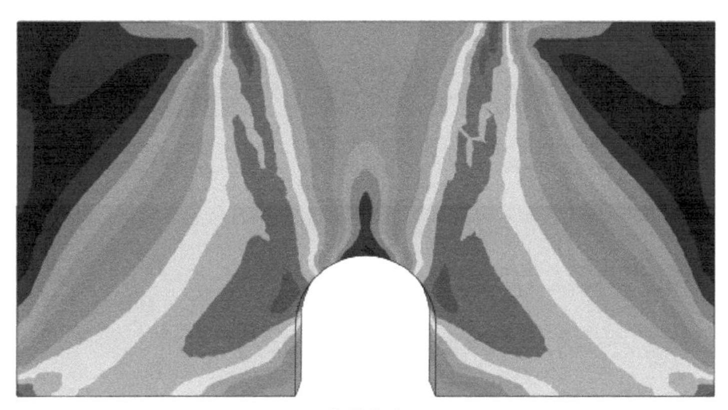

(b) 矢跨比为0.5

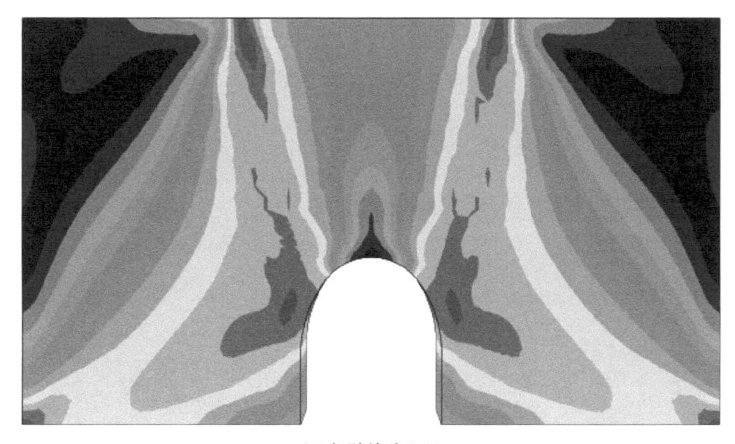

(c) 矢跨比为0.66

图 4-10　加载至极限荷载时不同矢跨比的土拱结构模型的米泽斯应力云图

4.5.2 侧墙对土拱结构的影响

当跨度为 0.6m，矢跨比为 0.66，侧墙高度为 0.3m，覆土厚度为 1.0m 时，材性参数及加载制度与 Tg-3 保持一致，分别设计有侧墙和无侧墙的土拱结构有限元模型进行计算，特征值计算结果如表 4-8 及图 4-11 所示。

有侧墙和无侧墙的土拱结构特征值　表 4-8

特征值	有侧墙	无侧墙
极限荷载(kN)	153.7	177.2
对应位移(mm)	26	26

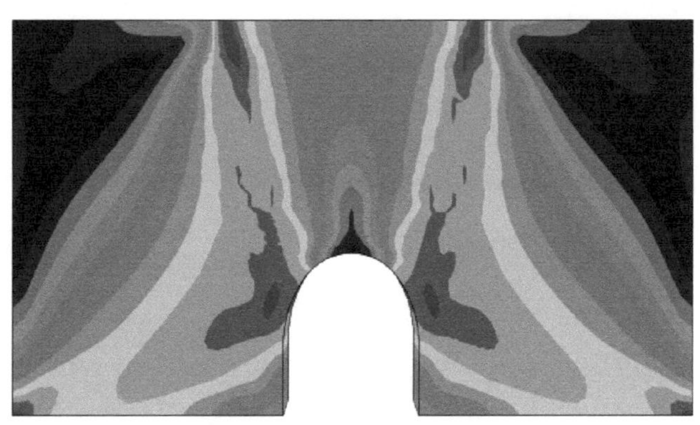

(a) 有侧墙

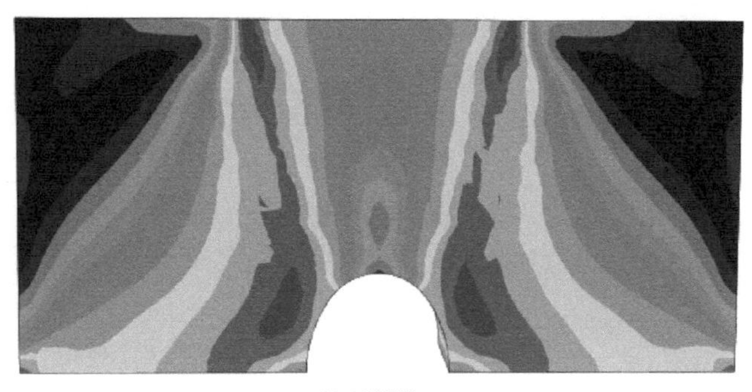

(b) 无侧墙

图 4-11　加载至极限荷载时有侧墙和无侧墙的土拱结构模型的米泽斯应力云图

由表 4-8 可知，无侧墙的土拱结构模型相比有侧墙的土拱结构模型承载力提升了 15%，而极限荷载对应的位移却相同。故侧墙对拱顶下挠不产生影响，但会降低土拱结构的极限承载力。

由图 4-11 可知，加载至极限荷载时有侧墙和无侧墙的土拱结构模型的米泽斯应力云图相似，即应力云图形状、发生应力集中的位置相同，破坏形态相同，故侧墙对土拱结构的破坏形态不产生影响。

4.5.3　跨数对土拱结构的影响

当跨度为 0.6m，矢跨比为 0.5，侧墙高度为 0.3m，覆土厚度为 1.0m 时，材性参数及加载制度与 Tg-3 保持一致，分别设计跨数为单跨、两跨和三跨的土拱结构有限元模型进行计算，特征值计算结果如表 4-9 及图 4-12 所示。

不同跨数的土拱结构特征值　　表 4-9

特征值	跨数		
	单跨	两跨	三跨
极限荷载(kN)	156.4	174.3	204.6
对应位移(mm)	23	27	29

由表 4-9 可知，模型承载力随跨数增多并不是成倍增加，故多跨导致模型单跨承载力降低，拱顶下挠增大，原因是相邻跨共用侧墙导致作为支座的中侧墙提前破坏。

由图 4-12 可知，三个土拱结构模型拱券左右两侧土体的应力云图相似，两跨和三跨的土拱结构模型的中侧墙主应力呈“X”形分布，为典型的剪切破坏特征。因此，单跨土拱结构破坏时两侧拱脚优先破坏，而多跨土拱结构破坏时中侧墙优先破坏。

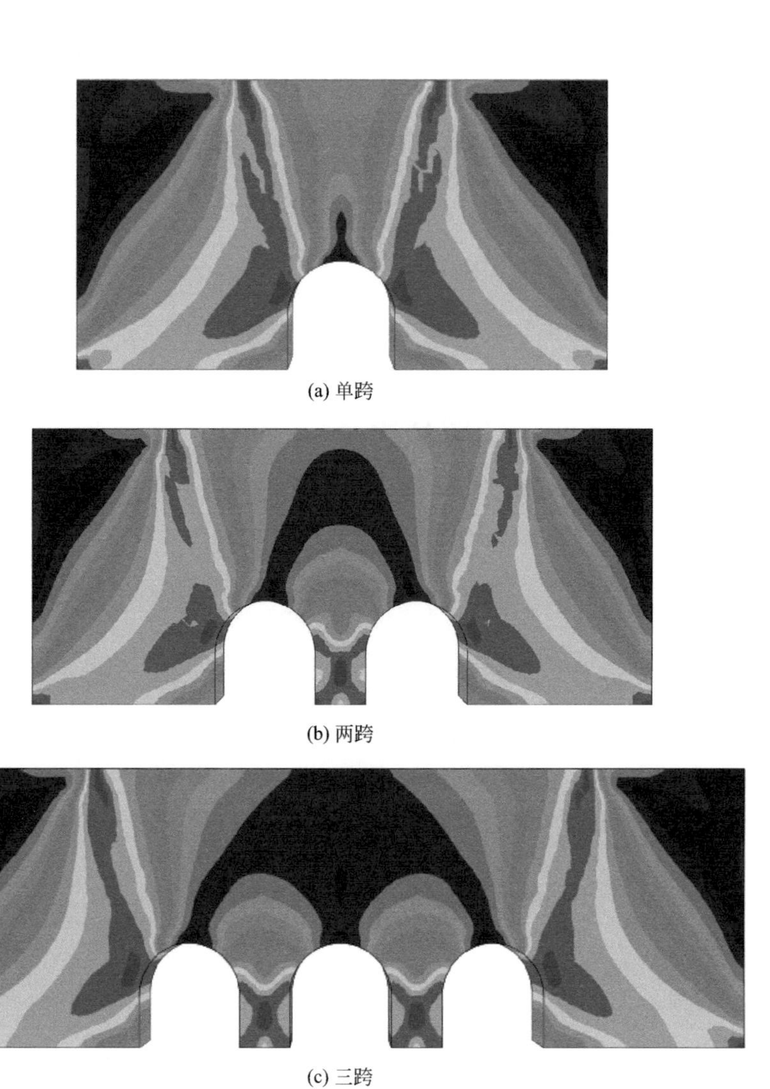

(a) 单跨

(b) 两跨

(c) 三跨

图 4-12　加载至极限荷载时不同跨数的土拱结构模型的米泽斯应力云图

第 5 章
土拱上部荷载取值方法

本章的主要目的是根据数值计算结果找出真实土拱效应作用区域，将此区域土体自重作为工程设计时可采用的拱券恒载标准值。

图 5-1 所示为土拱效应区域的跨中高度 U 和拱腿宽度 V 及土拱结构跨中和拱腿竖向土压力与水平土压力的合力方向图。本章拟通过合力与竖向的夹角 θ 的变化来确定 U 和 V，其中 θ 的变化由计算结果中的水平土压力与竖向土压力的比值确定。

提取四个模型在加载至比例界限荷载时跨中的竖向和水平土压力计算值，绘制出跨中沿高度方向竖向与水平土压力分布曲线，如图 5-2 所示。从图 5-2 中可以看出，四个模型拱顶处竖向土压力值在零附近，而水平土压力值为负值，二者差值较大，故拱顶以水平土压力为主，且受拉；竖向土压力随高度增加逐渐增大，水平土压力随高度增加由负变为正并缓慢增长，其值小于竖向土压力；图 5-2(a)～(d) 均显示出在高度为 0.2～0.6m 时，竖向土压力与水平土压力的差值随高度增加急剧增大，0.6m 之后保持稳定增长。

由计算得到的跨中土压力数值可计算出四个模型在加载至比例界限荷载时的 θ 值，将计算得到的 θ 值与距拱顶高度的关系绘制成曲线如图 5-3 所示。从图 5-3 中可以看出，拱顶处 θ 值在 90°附近，可以认为合力方向为水平方向，即忽略竖向土压力，仅存在水平土压力；高度由 0m 增加至 0.3m 时，θ

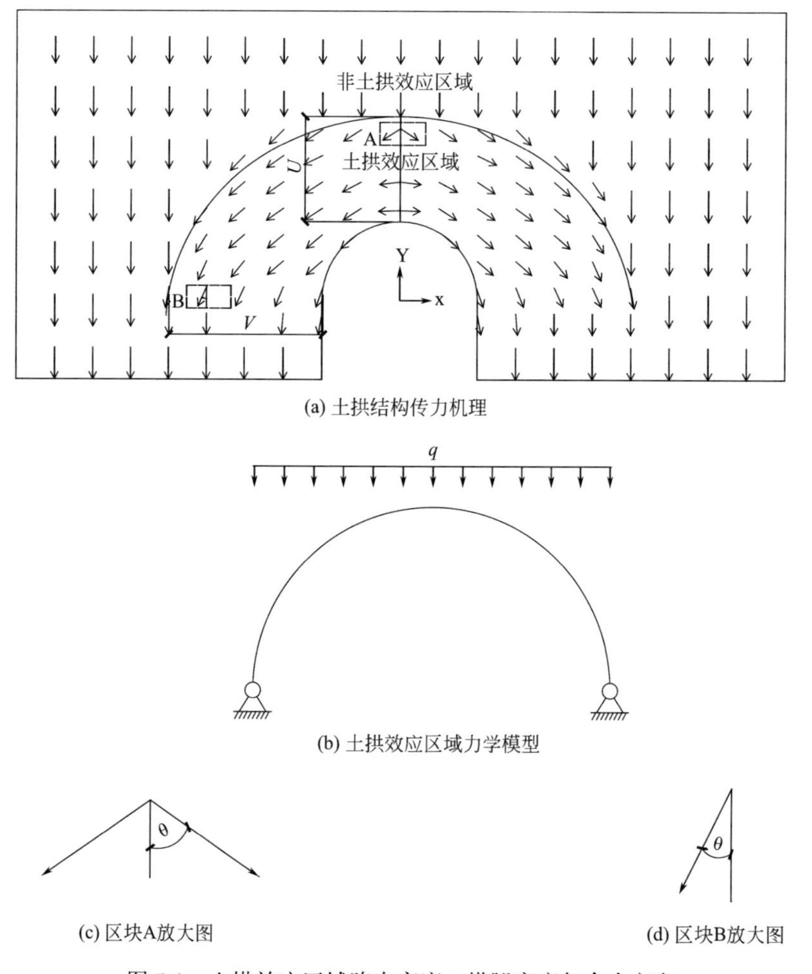

(a) 土拱结构传力机理

(b) 土拱效应区域力学模型

(c) 区块A放大图

(d) 区块B放大图

图 5-1　土拱效应区域跨中高度、拱腿宽度与合力方向

值急剧减小，当高度为 0.4m 时，θ 值稳定在 20°以下，且随高度增加其值不再下降。本书认为：当浅埋黄土隧洞受竖向均布荷载作用时，其跨中 θ 值小于 20°对应的高度以上区域土拱效应不显著，将此区域归于非拱效应作用区域，跨中 θ 值在 20°～90°之间对应的高度为土拱效应作用区域，因此本书土拱效应区域的跨中高度为 0.3～0.4m，即 $U\in$［0.3m，0.4m］，即土拱结构在正常工作条件下维持自身稳定所需最小覆土厚度为 0.3m，原型需最小覆土厚度为 1.5m。

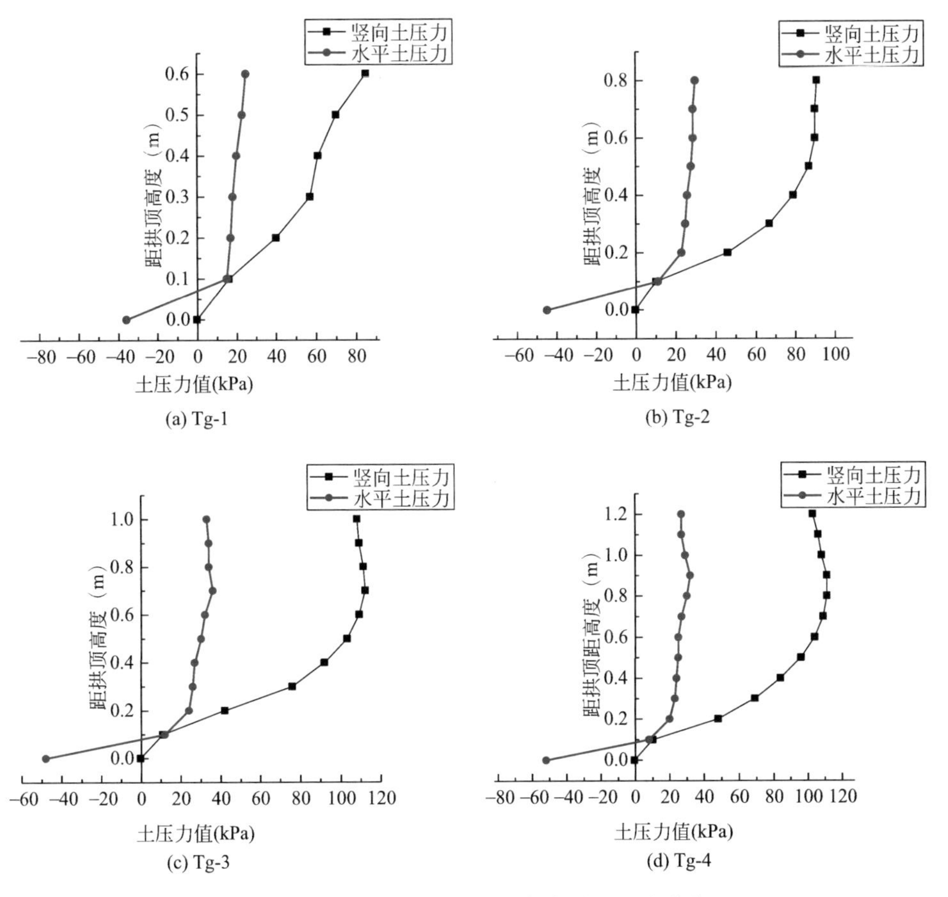

图 5-2　跨中沿高度方向竖向与水平土压力分布

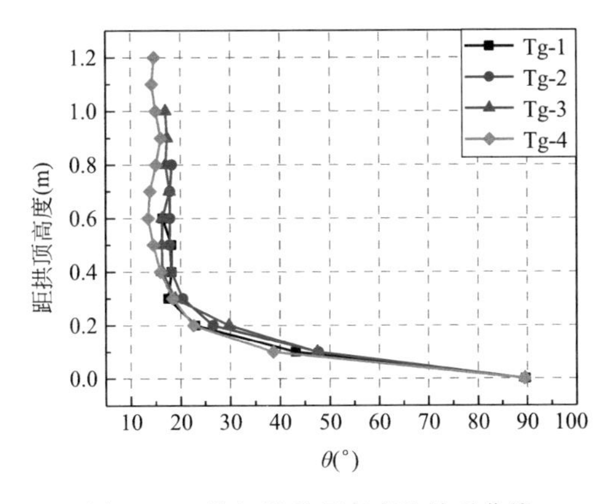

图 5-3　θ 值与距拱顶高度的关系曲线

同理，提取四个模型在加载至比例界限荷载时拱腿的竖向和水平向土压力计算值，绘制出拱腿沿水平方向竖向与水平土压力分布曲线，如图 5-4 所示。从图 5-4 中可以看出，四个模型拱腿土压力分布规律一致，距侧墙 0.8m 范围内均为远离侧墙水平土压力迅速增大且保持稳定，而竖向土压力逐渐减小，竖向土压力与水平土压力的差值逐渐减小。

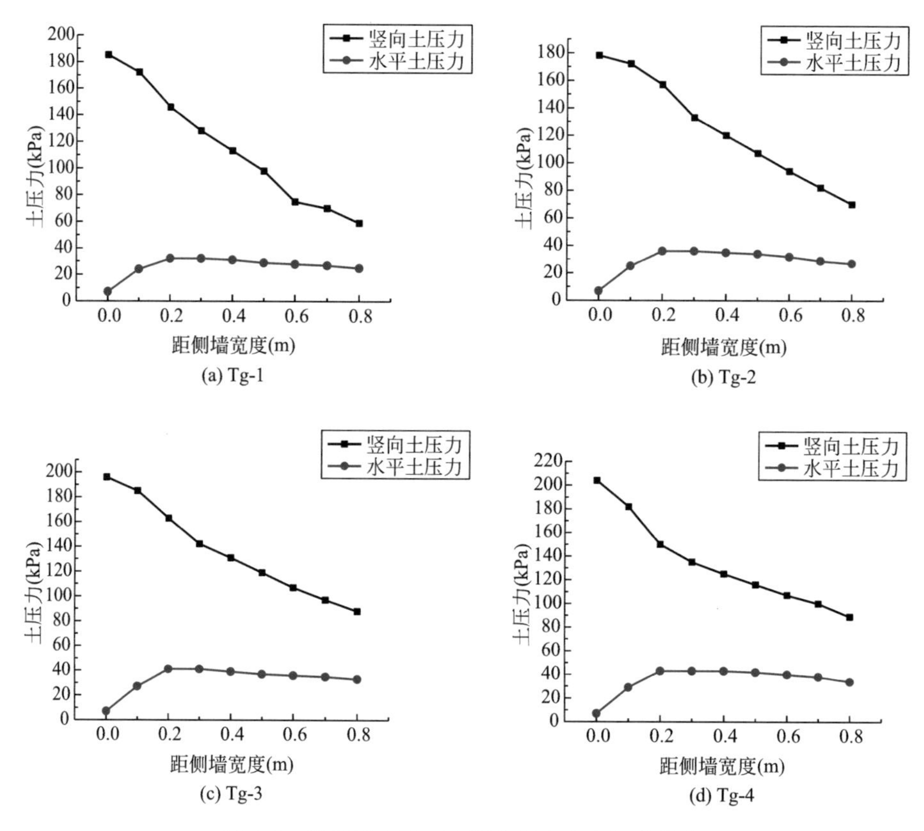

图 5-4　拱腿沿水平方向竖向与水平土压力分布

由计算得到的拱腿土压力数值可计算出四个模型在加载至比例界限荷载时的 θ 值，将计算得到的 θ 值与距侧墙宽度的关系绘制成曲线如图 5-5 所示。从图 5-5 中可以看出，拱脚处 θ 值在 0°附近，可以认为合力方向为竖直方向，即忽略水平土压力，仅存在竖直土压力；宽度由 0m 增加至 0.2m 时，θ 值迅速增大，宽度由 0.2m 增加至 0.8m 时，θ 值缓慢增大；当高度为 0.6～0.8m 时，θ 值逐渐增大至 20°。本书认为：当浅埋黄土隧洞受竖向均布荷载作用时，其拱腿处 θ 值小于 20°对应的宽度以外区域土拱效应不显著，拱腿 θ 值在 0°～ 20°之间对应的宽度为土拱效应作用区域，因此本书土拱效应区域的拱腿宽度为 0.6～0.8m，即 $V\in$ [0.6m，0.8m]。

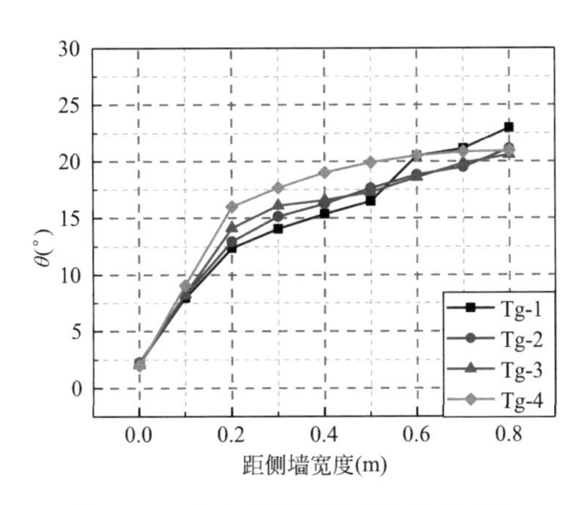

图 5-5　θ 值与距侧墙宽度的关系曲线

由于本书提出的土拱效应区域的跨中高度和拱腿宽度仅针对试验模型，为了便于工程应用，将其换算成相对值。设计的土拱结构模型具体尺寸参数为：拱跨为 0.6m，侧墙高度为 0.3m，拱矢高为 0.3m，故将跨中高度和拱腿宽度换算成相对拱跨值分别为（1/2～2/3）D 和（1～4/3）D，即 U=（1/2～2/3）D，V=（1～4/3）D。

由第 4.5 节可知矢跨比对土拱结构的承载力和破坏形态影响较小，即土拱结构对拱券形状敏感程度较低，故可将本书中得到的半圆形拱券土拱结构结论应用至任意形状拱券土拱结构。因此，浅埋黄土隧洞在竖向均布荷载作用下，为形成土拱效应以维持结构稳定所需的最小覆土厚度为其跨度的二分之一，其土拱效应区域为拱券与上边界线围成的区域，上边界线是以拱券圆心为原点，水平向右为 X 轴正向，竖直向上为 Y 轴正向的平面坐标系中的二次抛物线，其抛物线方程为：

$$y = (-0.96x^2 + 1.17)D \qquad (-1.83D \leqslant x \leqslant 1.83D) \tag{5-1}$$

式中：D 为拱券跨度。

根据式（5-1）可推导出任意拱券恒载标准值的取值方法。假设在拱券圆心为原点，水平向右为 X 轴正向，竖直向上为 Y 轴正向的平面坐标系中的任意拱券抛物线函数为 $y_0 = f(x)$，其土拱区域上边界函数为 $y = (-0.97x^2 + 1.17)D$。则任意拱券恒载标准值 G_k 取值如式（5-2）所示。

$$G_k = \frac{\left[\int_0^{\frac{D}{2}} (y - y_0)\mathrm{d}x + \int_{\frac{D}{2}}^{1.83D} y\mathrm{d}x\right]\rho_0 g}{1.83D}$$

$$= \frac{\left\{\int_0^{\frac{D}{2}} [-0.97Dx^2 + 1.17D - f(x)]\mathrm{d}x + \int_{\frac{D}{2}}^{1.83D} (-0.97Dx^2 + 1.17D)\mathrm{d}x\right\}\rho_0 g}{1.83D} \tag{5-2}$$

式中：D 为拱券跨度；ρ_0 为土体密度；g 为重力加速度。

参考文献

[1] 侯继尧，王军．中国窑洞 [M]. 郑州：河南科技出版社，1999.

[2] 赵龙．降雨入渗对生土窑居结构性能的影响研究 [D]. 郑州：郑州大学．2017.

[3] Kovari K. Erroneous concepts behind the New Austrian Tunneling Method [J]. Tunnels and Tunneling，1994，11：38-41.

[4] 贺桂成．深基坑围护开挖土与支护结构相互作用稳定性研究 [D]. 西安：西安科技大学．2005.

[5] Karl T. Theoretical soilmechanics（4th edition）[M]. New York ：John Wiley & Sons，1947：66-76.

[6] 吴子树，张利民，胡定．土拱的形成机理及存在条件的探讨 [J]. 成都科技大学学报，1995，2：15-19.

[7] 曹胜涛．土拱效应的数值模拟研究 [D]. 北京：北京工业大学．2012.

[8] 贾海莉，王成华，李江洪．关于土拱效应的几个问题 [J]. 西南交通大学学报，2003，38（04）：398-402.

[9] Janssen H A. Versuche über Getreidedruck in Silozellen [J]. Zeitschr. d. Vereines deutscher Ingenieure，1895，39（35）：1045-1049.

[10] Brady B H G，Brown E T. Rock mechanics for undergroundmining [M]. George Allen and Unwin，1985：212-213.

[11] 何贤锋．人防改扩建地铁设计控制理论及其应用研究 [D]. 长沙：中南大学．2012.

[12] 关宝树．隧道力学概论 [M]. 成都：西南交通大学出版社．1993.

[13] 王梦恕．中国隧道及地下工程修建技术 [M]. 北京：人民交通出版社．2010.

[14] 郑颖人，邱陈瑜．普氏压力拱理论的局限性 [J]. 现代隧道技术，2016，53（02）：1-8.

[15] 孙均．地下工程设计理论与实践 [M]．上海：上海科学技术出版社．1996.

[16] 于学馥，郑颖人，刘怀恒，等．地下工程围岩稳定分析 [M]．北京：煤炭工业出版社．1983.

[17] 郑颖人，朱合华．地下工程围岩稳定分析与设计理论 [M]．北京：人民交通出版社，2012.

[18] 徐干成，白洪才，郑颖人，等．地下工程支护结构 [M]．北京：中国水利水电出版社，2002.

[19] Finn P. Boundary value problems of mechanics [J]. Journal of the Soil Mechanics and Foundations Division，ASCE，1963，89（SM5）：39-72.

[20] Wang W L，Yen B C. Soil arching in slopes [J]. Journal of Geotechnical Engineering division，1974，104（GT4）：493-496.

[21] 顾安全．上埋式管道及洞室垂直土压力的研究 [J]．岩土工程学报，1981，3（01）：3-15.

[22] Handy R L，Asce A M. The Archin Soil Arching [J]. Journal of geotechnical engineering，1985，111（03）：302 -318.

[23] Bosscher P J，Asce A M. Soil arching in sandy slops [J]. Journal of geotechnical engineering，1986，112（06）：626 -645.

[24] Koutsabeloulis N C，Griffiths D. V. Numerical modeling of the trap door problem [J]. Geotechnique，1989，39（01）：77 -89.

[25] 门田俊一．三次元境界要素法をよる地盘掘削解析手法を关する研究 [C]．日本土木学会论文集，1990，418：133-142.

[26] Pan X D，Hudson J A. Plane strain analysis in modelling three-dimensional tunnel excavations [J]. Int. J. Rock Mech. Min. Sci. and Geomech. Abstr，1988，25：331-337.

[27] Pan Y W，Dong J J. Time-dependent tunnel convergence Ⅰ-formulation of the model [J]. Int. J. Rock Mech. Min. Sci. and Geomech. Abstr，1991，28：469-475.

[28] Pan Y W, Dong J J. Time-dependent tunnel convergence Ⅱ-advance rate and tunnel-support interaction [J]. Int. J. Rock Mech. Min. Sci. and Geomech. Abstr, 1991, 28: 477-488.

[29] Ono K, Yamada M. Analysis of the arching action in granular mass [J]. Geotechnique, 1993, 43 (01): 105-120.

[30] 金丰年，钱七虎．隧洞开挖的三维有限元计算 [J]. 岩石力学与工程学报，1996，15 (03)：193-200.

[31] Nakai T. Finite element computations for active and passive earth pressure problems of retaining wall [J]. Soil and Foudations, 1985, 25 (03): 99-112.

[32] Liu X Y. The computer simulation analysis of surrounding rock stability of an underground super-shallow-seated gallery construction [J]. Proceedings of international Symposiunmon Rock Mechanics and Environmental Geotechnology, 1997: 239-242.

[33] 贾海莉，王成华，李江洪．基于土拱效应的抗滑桩与护壁桩的桩间距分析 [J]. 工程地质学报，2004，12 (01)：98-103.

[34] 琚晓冬，冯文娟．土拱效应的尺寸研究 [J]. 灾害与防治工程，2005 (02)：29-33.

[35] 韩爱民，肖军华，梅国雄．被动桩中土拱形成机理的平面有限元分析 [J]. 南京工业大学学报（自然科学版），2005 (03)：89-92.

[36] 赵明华，陈炳初，刘建华．考虑土拱效应的抗滑桩合理桩间距分析 [J]. 中南公路工程（工学版），2006，31 (02)：1-3.

[37] 何晓峰．沟埋式刚性圆涵顶部土压力试验研究 [D]. 太原：太原理工大学．2006.

[38] 喻波，王呼佳．压力拱理论及隧道埋深划分方法研究 [M]. 北京：中国铁道出版社．2008.

[39] 童丽萍，韩翠萍．黄土材料和黄土窑洞构造 [J]. 施工技术，2008，37 (02)：107-108.

[40] 童丽萍，韩翠萍．传统生土窑洞的土拱结构体系 [J]. 施工技术，2008，37 (06)：113-115.

[41] 童丽萍，韩翠萍．黄土窑居自支撑结构体系的研究 [J]. 四川建筑科学研究，2009，35 (02)：71-73.

[42] 黄才华，王泽军．窑洞建筑的结构分析 [J]. 长春工程学院学报（自然科学版)，2009，10 (01)：46-48.

[43] 赵学勐，王璐．黄土拱作用机理剖析 [J]. 岩土力学，2009，30 (S2)：9-12.

[44] 吴永，何思明，王东坡，等．开挖卸荷岩质坡体的断裂破坏机理 [J]. 四川大学学报，2012，50 (03)：52-58.

[45] 费康，陈毅，王军军．桩承式路堤土拱效应发挥过程研究 [J]. 岩土力学，2013 (05)：1367-1374.

[46] 张栋．桩网结构低路基土拱效应及加筋垫层动力特性研究 [D]. 北京：北京交通大学．2015.

[47] 曹源，张琰鑫，童丽萍．地坑窑尺寸设计及其对力学性能的影响 [J]. 建筑科学，2012，28 (S1)：103-107.

[48] 郭平功，童丽萍．黄土力学参数的相关性对生土窑居可靠度的影响 [J]. 河南科技大学学报（自然科学版)，2013，34 (05)：59-63.

[49] 郭平功，童丽萍．生土窑居参数灵敏度分析的新方法 [J]. 西安建筑科技大学学报（自然科学版)，2013，45 (02)：216-221.

[50] 卿伟宸，章慧健，朱勇．基于压力拱理论的大跨度隧道深浅埋划分研究 [J]. 石家庄铁道大学学报（自然科学版)，2013 (S2)：227-230.

[51] 梁瑶，蒋楚生，李庆海，等．桩间复合结构土拱效应试验与受力机制研究 [J]. 岩石力学与工程学报，2014，33 (S2)：3825-3828.

[52] 边学成，申文明，马祖桥，等．不同填土管涵土压力模型试验和数值模拟研究 [J]. 土木工程学报，2012，45 (01)：127-133.

[53] 周敏，杜延军，张亚军，等．埋地 HDPE 管道施工过程中土拱效应变化特征研究 [J]. 岩石力学与工程学报，2015，34 (02)：414-424.

[54] 徐伟忠，刘树佳，廖少明．盾构埋深对软土土拱效应影响分析［J］．地下空间与工程学报，2017，13（S1）：65-69.

[55] 童丽萍，刘俊利．生土地坑窑入口门洞的构成及受力机理分析［J］．结构工程师，2018，34（05）：47-57.

[56] 卜永红，王毅红，李丽，等．不同夯筑方法的承重夯土墙体抗震性能试验［J］．长安大学学报，2011（06）：72-76.

[57] 刘祖强．型钢混凝土异形柱框架抗震性能及设计方法研究［D］．西安：西安建筑科技大学．2012.

[58] 朱以文，蔡元奇，徐晗．ABAQUS 与岩土工程分析［M］．香港：中国图书出版社，2005.

[59] 李进．土拱效应敏感度实验及数值模拟研究［D］．济南：山东大学，2017.

[60] 于丽鹏．基于 FLAC3D 模拟的土体弹性模量取值分析［J］．水利与建筑工程学报，2014，12（02）：162-16.